大人のための探求教科書

数学基礎

統計的な推測とその周辺

吉田 信夫 著

現代数学社

まえがき

「統計なんて，数学じゃない」

「データの分析」や「統計的な推測」を「数学」と呼んで良いのか？

高校数学に関わる多くの人が抱く考えではないでしょうか？

少なくとも私はそう思っていました．

統計の本は持っていて，多少は勉強していましたが，それは仕事で必要なときがあったからで,生徒に教える対象ではありませんでした．しかし，新しい高校数学では，実質的に「数学 B：統計的な推測」が必修となってしまいます．「ベクトルが数学 C に移ることにより，文系の生徒がベクトルを知ることなく高校を卒業することになる．」という問題点が論じられることもある新しい課程です．誤解を恐れずに書くと，実際には丸暗記でベクトルを勉強しているような高校生が圧倒的に多く，教える側の抱く危機感の実質的な影響はないのかもしれません．外圧による課程の変化かも知れませんが，文系の生徒にとっても，理系の生徒にとっても，統計の基礎を高校で学んでいることは，プラスの効果があっても，マイナスの効果はないように思います．ベクトルへの懐古にとらわれるだけでなく，いっそ受け入れてしまって，統計リテラシーをいかにして学ばせるかを考える方が建設的かも知れません．「数学」を教えたい我々にとっては，受け入れ難い現実ではありますが…

「統計だって，捨てたもんじゃない」

「統計くらいできても損はない」

ということで，私は，統計の基本理論を学び直し，数少ない大学入試問題にもチャレンジしてみました．また,趣味の“考古学”や“人工知能”と絡めて探求することも可能であることに気付きました．偏微分や変分といった技術は，統計でも人工知能でも必要なものですし，大学での物理を学ぶためには必須のものです．せっかくなので，その辺りのこともまとめてしまい，大人の探求教科書として整理しました．

基本理論の解説後，大学入試問題演習という形にしています．演習編にも，簡単に理論確認できるような解説を添えています．

第２章では，人工知能以外にも，プログラミング言語Python(パイソン)の話も書いてみました．また，考古学関係では，撮影技術の話や年輪年代学についても書いています．また，高校生にはなかなか話すことのできない，正規分布の理論についても，高校数学IIIの延長線上で説明してみます．

ということで，

「統計なんて，数学じゃない」

から

「統計だって，捨てたもんじゃない」

へ．数学を教えることにプライドをもって指導されている多くの先生方にそう思っていただきたい．私だって，負けないくらい数学が好きなつもりです．そんな私でも統計を受け入れることができたので，ぜひ，それを共有したいと思っています．

吉田　信夫

目　　次

2．統計で探求してみよう　117

統計を基本から

1．統計を基本から

「統計なんて，数学じゃない？」

「YES・NO」の判断をするためには，相手のことを知らないと始まりません．まずは，統計がどんなものか，高校数学Bの中身を確認しておきましょう．基本事項の確認の後，大学入試で出題されている統計の問題を紹介していきます．統計の問題で，どんな解法の工夫が可能なのか？考えていきます．

1.1　定義，知識の確認

確率変数・期待値・分散から始め，連続型確率変数・正規分布，そして二項分布・近似・推定・信頼区間と進んで行きます．大人用の統計の教科書ということで，教える立場としての肝所が明確になるよう，できるだけコンパクトにまとめます．

1.1.1　確率変数・期待値・分散

【確率変数】

試行の結果に対して数値を割り振るルール(関数)のことで，各数値になる確率が定まるもの．変域が有限集合になることもあるが，連続的に変化することもある．正規分布は後者である．

例

・サイコロを振って，出る目($X=1,\ 2,\ 3,\ 4,\ 5,\ 6$)

・100点満点のテストを行うときの得点($0 \leqq X \leqq 100$ を満たす整数)

・適当に実数を選ぶとき，その平方($X \geqq 0$)

【期待値・平均】

有限個の値 x_k $(k=1,\ \cdots,\ n)$ をとる確率変数 X の期待値 $E(X)$ とは

$$E(X)=\sum_{k=1}^{n} x_k P(X=x_k)$$

のことである (平均値．expectation・expected value)．m と表記されることが多い (mean value).

例

サイコロを振って出る目 X の期待値は

$$E(X)=\sum_{k=1}^{6} k\cdot\frac{1}{6}=\frac{1}{6}\cdot\frac{6\cdot7}{2}=\frac{7}{2}$$

平均だから，出目の和

$$1+2+3+4+5+6=21$$

を 6 で割っても得られる．

【分散・標準偏差】

有限個の値 x_k $(k=1,\ \cdots,\ n)$ をとり，期待値が $E(X)=m$ である確率変数 X の分散 $V(X)$ とは

「“平均 m との差” の 2 乗」の平均

のことで，

$$V(X)=E((X-m)^2)=\sum_{k=1}^{n}(x_k-m)^2 P(X=x_k)$$

である (variance)．σ^2 と表記されることが多い．分散の平方根 $\sigma(X)$ (シグマ．Σ の小文字) が，標準偏差 (standard deviation) である．

分散は，2乗して計算しているために，元の分布を表す指標として不適当になることがある．2乗を元に戻すために平方根をとったのが標準偏差である(偏差値でいうと，値を10変化させるために必要な点数である)．

分散の定義式を変形すると

$$\begin{aligned}V(X)&=\sum_{k=1}^{n}({x_k}^2-2mx_k+m^2)P(X=x_k)\\&=\sum_{k=1}^{n}{x_k}^2P(X=x_k)-2m\sum_{k=1}^{n}x_kP(X=x_k)\\&\quad+m^2\sum_{k=1}^{n}P(X=x_k)\\&=E(X^2)-2m\cdot m+m^2\cdot 1\\&=E(X^2)-(E(X))^2\end{aligned}$$

とできる．

$$(\text{分散})=(2\text{乗の平均})-(\text{平均})^2$$

である．この公式は有用である．

引く順番を間違えないようにしたい．忘れそうになったら，式の作り方を思い出す(どちらかで計算してみて，負の数になったら，順番を逆にする…のは，好ましくない)．

サイコロを振って出る目Xの分散は

$$\begin{aligned}V(X)&=\sum_{k=1}^{6}\left(k-\frac{7}{2}\right)^2\frac{1}{6}\\&=\frac{1}{6}\left(\frac{25}{4}+\frac{9}{4}+\frac{1}{4}+\frac{1}{4}+\frac{9}{4}+\frac{25}{4}\right)\\&=\frac{35}{12}\end{aligned}$$

公式を利用して計算すると

$$V(X)=\sum_{k=1}^{6}k^2\cdot\frac{1}{6}-\left(\frac{7}{2}\right)^2$$
$$=\frac{1}{6}\cdot\frac{6\cdot7\cdot13}{6}-\frac{49}{4}$$
$$=\frac{35}{12}$$

【大事な計算公式①】

確率変数 X を使って別の確率変数を定義することがある．X の期待値が m で分散が σ^2 であるとする．X の1次式で表される確率変数 $Y=sX+t$ を考える．Y の期待値，分散を求める公式がある．

$$E(Y)=sm+t$$
$$V(Y)=s^2\sigma^2$$

分散は，2乗して平均をとるから，係数の s が2乗されている．“$+t$”で分散は変化しない．分散の平方根だから，$\sigma(Y)=s\sigma$ である．

非常によく登場する確率変数は，

$$Z=\frac{X-m}{\sigma}$$

である．X の平均が m で分散が σ^2 である．分母が X の標準偏差，分子は X から平均（期待値）を引いている．これにどういう意味があるのだろうか？実は，

$$E(Z)=\frac{m-m}{\sigma}=0$$

$$V(Z)=\frac{\sigma^2}{\sigma^2}=1$$

$$\sigma(Z)=1$$

である．$Z=\dfrac{X-m}{\sigma}$ は，見た瞬間に，

「平均が 0，標準偏差が 1」

と認識でき，すぐに作れるようにしておきたい．正規分布でよく使う．

【大事な計算公式②】

複数の確率変数を使って新しい確率変数を考えることもある．

X，Y を英語，数学の得点として，$Z=X+Y$ とすると，Z は合計点である．X，Y の平均が m，n のとき，これらは平均点ということだが，

$$E(Z)=m+n$$

である．

(和の期待値)＝(期待値の和)

として有名な公式である．これと 1 つ前の公式から，

> X，Y を確率変数とし，s，t を実数の定数とすると
>
> $$E(sX+tY)=sE(X)+tE(Y)$$

これも (期待値)＝(平均値) からイメージできる．

※　一般に (積の期待値) ≒ (期待値の積) である．詳しくは“独立”のところで扱う．

サイコロを２回振るときの出目の和の平均を求めたい．

	1	2	3	4	5	6
1	2	3	4	5	6	7
2	3	4	5	6	7	8
3	4	5	6	7	8	9
4	5	6	7	8	9	10
5	6	7	8	9	10	11
6	7	8	9	10	11	12

まず，すべて列挙すると

$$
\begin{aligned}
&(\text{期待値})\\
&=\frac{1}{36}\{2\cdot1+3\cdot2+4\cdot3+5\cdot4+6\cdot5+7\cdot6\\
&\qquad+8\cdot5+9\cdot4+10\cdot3+11\cdot2+12\cdot1\}\\
&=\frac{14+14\cdot2+14\cdot3+14\cdot4+14\cdot5+7\cdot6}{36}\\
&=\frac{1}{36}\left(14\cdot\frac{5\cdot6}{2}+7\cdot6\right)=\frac{6\cdot7\cdot6}{36}=7
\end{aligned}
$$

これではメンドクサイ．

「“和”の期待値」と捉える．1，2回目の出目を順に X_1，X_2 とおくと，考えるべき確率変数は $X=X_1+X_2$ である．

$$
\begin{aligned}
&E(X_1)=E(X_2)\\
&=\frac{1+2+3+4+5+6}{6}=\frac{1}{6}\cdot\frac{6\cdot7}{2}=\frac{7}{2}
\end{aligned}
$$

であるから，

$$E(X)=E(X_1+X_2)=E(X_1)+E(X_2)=7$$

サイコロを３回振る．各回に１の目が出ると，k 回目なら k 点が与えられるとする（$k=1$，2，3）．３回分の得点の和の期待値を求めたい．

k 回目（$k=1$，2，3）に「1が出たら1，そうでないと0」という確率変数 X_k を考えると，いま考えるべきは

$$X_1+2X_2+3X_3$$

X_k の期待値は

$$E(X_k)=1\cdot\frac{1}{6}+0\cdot\frac{5}{6}=\frac{1}{6}$$

であるから，求める期待値は

$$E(X_1+2X_2+3X_3)=E(X_1)+2E(X_2)+3E(X_3)=1$$

分散については，X，Y が無関係 (独立) であるときしか使えない公式がある．(積の期待値)＝(期待値の積) が成り立つ条件と関係が深い．

【独立】

2 つの確率変数 X，Y が独立であるとは，X のとる任意の値 a と，Y がとる任意の値 b について

$$P(X=a \text{ かつ } Y=b)=P(X=a)\times P(Y=b)$$

が成り立つことである．

必ず

(「かつ」の確率)＝(確率の積)

が成り立つのが，独立である．

試行の独立，事象の独立も，

(「かつ」の確率)＝(確率の積)

ではあるが，区別しておきたい．試行は，「サイコロを振る」「コインを投げる」といった，確率を考える場を作るための作業．事象は，試行の結果起こること．サイコロを振る試行では,「1 が出る」という事象がある．

確率変数は，事象に対して値を割り振る関数である．

独立はイメージが湧きにくいから，丁寧に確認しておこう．

常に成り立つ

(和の期待値)＝(期待値の和)

とは違い，

(積の期待値)＝(期待値の積)

は無条件では成り立たない．“独立”の意味を理解するためにも，積の法則が成り立たない例から見ていこう．

例

英語と数学のテストを行った．平均はともに 90 である．

	A	B	C
英語	100	80	90
数学	90	100	80

「積の平均」は

$$\frac{100\cdot 90+80\cdot 100+90\cdot 80}{3}=\frac{24200}{3}=8066.66\cdots\cdots$$

で，「平均の積」の $90\cdot 90=8100$ とは異なっている．「平均の積」は以下の通りで，「積の平均」とはまったく違う．

$$\frac{80+90+100}{3}\cdot\frac{80+90+100}{3}$$
$$=\frac{80\cdot 80+80\cdot 90+80\cdot 100+\cdots+100\cdot 100}{9}$$

例

9 人でテストを行って，

	A	B	C	D	E	F	G	H	I
英語	80	80	80	90	90	90	100	100	100
数学	80	90	100	80	90	100	80	90	100

という分布になっていたら，

(積の期待値)＝(期待値の積)

が成り立つ．各科目の得点の期待値は，上の例と同様，90 点である．得点の積の期待値を考えてみよう．英語の得点が等しい人ごとに整理していこう．

$$\frac{80(80+90+100)+90(80+90+100)+100(80+90+100)}{9}$$
$$=\frac{(80+90+100)(80+90+100)}{9}$$
$$=\frac{80+90+100}{3}\cdot\frac{80+90+100}{3}$$

確かに積の法則が成り立っている．

この状況が，確率変数としての“独立”である．その意味を確認する前に，事象の独立を思い出そう．事象としての独立も，

(「かつ」の確率)＝(確率の積)

であった．事象 A，B が独立とは，

$$P(A \text{ かつ } B)=P(A)P(B)$$

が成り立つことである．一般に，条件付き確率を用いて

$$P(A \text{ かつ } B)=P(A)P_A(B)$$

であるから，「$P_A(B)=P(B)$」と言っても良い．

今回の例では，

(英語)＝80，(数学)＝80 が事象として“独立”

(英語)＝80，(数学)＝90 が事象として“独立”

……

(英語)＝100，(数学)＝100 が事象として“独立”

となっている．つまり，数学が 80 点の確率は 33.33……% で，英語の点数が 80 点の人だけで見ても，90 点の人だけで見ても，100 点の人だけで見ても，必ず 33.33……% に決まっている．数学 90 点，100 点についても同様．

こういう状況が確率変数としての独立である．

例

サイコロを 1 回振る．確率変数 X は，出目が「偶数なら 2，そうでないなら 1」と定める．確率変数 Y は，出目が「3 の倍数なら 3，そうでないなら 2」と定める．2 つをクロスさせた分布表 (同時分布という) を書いてみよう．X，Y の確率も添えておく．

$X=2$，$Y=3$ は，出目が 6

$X=1$，$Y=3$ は，出目が 3

$X=2$，$Y=2$ は，出目が 2，4

$X=1$，$Y=2$ は，出目が 1，5

であるから，

$Y \backslash X$	2	1
3	$\frac{1}{6}$	$\frac{1}{6}$
2	$\frac{1}{3}$	$\frac{1}{3}$

$$P(X=2)=P(X=1)=\frac{1}{2}$$

$$P(Y=3)=\frac{1}{3},\ P(Y=2)=\frac{2}{3}$$

より，

$$P(X=2,\ Y=3)=P(X=2)P(Y=3)$$

などがすべて成り立っている．

X と Y は独立である．

積 XY の期待値を考えてみよう．まず

$$E(X)=2\cdot\frac{1}{2}+1\cdot\frac{1}{2}=\frac{3}{2},$$
$$E(Y)=3\cdot\frac{1}{3}+2\cdot\frac{2}{3}=\frac{7}{3}$$

である．$X=2,\ 1$ と $Y=3,\ 2$ より

$$XY=6,\ 4,\ 3,\ 2$$

であり，

$$E(XY)=6\cdot\frac{1}{6}+4\cdot\frac{1}{3}+3\cdot\frac{1}{6}+2\cdot\frac{1}{3}=\frac{7}{2}$$

確かに $E(XY)=E(X)E(Y)$ が成り立っている．理由が分かるようにすると，

$$\begin{aligned}E(XY)&=6\cdot\frac{1}{6}+4\cdot\frac{1}{3}+3\cdot\frac{1}{6}+2\cdot\frac{1}{3}\\&=(2\cdot3)\cdot\left(\frac{1}{2}\cdot\frac{1}{3}\right)+(2\cdot2)\cdot\left(\frac{1}{2}\cdot\frac{2}{3}\right)\\&\quad+(1\cdot3)\cdot\left(\frac{1}{2}\cdot\frac{1}{3}\right)+(1\cdot2)\cdot\left(\frac{1}{2}\cdot\frac{2}{3}\right)\\&=\left(2\cdot\frac{1}{2}+1\cdot\frac{1}{2}\right)\left(3\cdot\frac{1}{3}+2\cdot\frac{2}{3}\right)\\&=E(X)E(Y)\end{aligned}$$

独立な試行の結果（サイコロを２個振る，など）であれば，確率変数が独立になることはすぐに分かる．先ほどの例のように，１つの試行から得られる結果を考えるときでも，確率変数が独立になることがある．

独立かどうかは，直感ではなく，キチンと計算で確認するものである！

> $X,\ Y$ を“独立”な確率変数とすると
> $$E(XY)=E(X)E(Y)$$

に進もう．

【証明】

変域が $X=x_l\ (1\leqq l\leqq m)$，$Y=y_k\ (1\leqq k\leqq n)$ の独立な確率変数 X，Y について，

$$
\begin{aligned}
E(XY)&=\sum_{l=1}^{m}\sum_{k=1}^{n}x_l y_k \underset{\sim\sim\sim\sim\sim\sim\sim\sim}{P(X=x_l\ \text{かつ}\ Y=y_k)}\\
&=\sum_{l=1}^{m}\sum_{k=1}^{n}x_l y_k \underset{\sim\sim\sim\sim\sim\sim\sim\sim}{P(X=x_l)P(Y=y_k)}\\
&=\left(\sum_{l=1}^{m}x_l P(X=x_l)\right)\left(\sum_{k=1}^{n}y_k P(Y=y_k)\right)\\
&=E(X)E(Y)
\end{aligned}
$$

～部分で独立性が効いている．

■

公式を使ってみよう．確率変数 X，Y，Z，W について，例えば

$$
\begin{aligned}
E((X+2Y)(3Z-W))&=E(3XZ-XW+6YZ-2YW)\\
&=3E(XZ)-E(XW)+6E(YZ)-2E(YW)
\end{aligned}
$$

までは，独立であろうがなかろうが計算が進むが，独立であれば，

$$
\begin{aligned}
&=3E(X)E(Z)-E(X)E(W)+6E(Y)E(Z)-2E(Y)E(W)\\
&=(E(X)+2E(Y))(3E(Z)-E(W))
\end{aligned}
$$

と計算できる．$E(X)$ などが分かっていたら，代入するだけで複雑な確率変数の期待値が分かる．

やっと次の公式を示す準備が整った．重要な公式である．

> “独立”な確率変数 X，Y と実数 s，t について
>
> $$V(sX+tY)=s^2V(X)+t^2V(Y)$$

【証明】

$$
\begin{aligned}
&V(sX+tY)\\
&=E((sX+tY)^2)-(E(sX+tY))^2\\
&=E(s^2X^2+2stXY+t^2Y^2)-(sE(X)+tE(Y))^2\\
&=s^2E(X^2)+2stE(XY)+t^2E(Y^2)\\
&\quad -(s^2(E(X))^2+2stE(X)E(Y)+t^2(E(Y))^2)\\
&=s^2(E(X^2)-(E(X))^2)+t^2(E(Y^2)-(E(Y))^2)\\
&\quad +2st(\underbrace{E(XY)-E(X)E(Y)})\\
&=s^2V(X)+t^2V(Y)
\end{aligned}
$$

独立性から消える

■

少し煩雑に見えるが,

$$V(X)=E(X^2)-(E(X))^2$$

および「期待値の和」,「期待値の積」の法則を利用しているだけである.

2 乗して平均をとるのが分散だから,係数が 2 乗されている.

例

英語,数学の平均点がそれぞれ 50,60 とする.

傾斜配点:2(英語)+3(数学)

について考えてみよう.英語,数学の得点が,それぞれ確率変数である.

傾斜配点の平均は,

$$2\cdot 50+3\cdot 60=280$$

これは,すぐに分かる.受験者が N 人とすると,

(英語の総得点)$=50N$,(数学の総得点)$=60N$

∴　(2(英語)+3(数学) の総和)$=2\cdot 50N+3\cdot 60N$

これを N で割ると,傾斜配点の平均となる.

しかし,分散は簡単でない.もし英,数の得点が独立であるなら

$$4(\text{英語の分散})+9(\text{数学の分散})$$

と求まる．しかし，実際には，英語と数学の得点には正の相関が見られることが多く，独立とは言いがたい状況になる．バラツキが小さくなるため，真の分散は，

$$4(\text{英語の分散})+9(\text{数学の分散})$$

よりも小さい値になることが多い．

例

既出のようにサイコロを 1 回振るとき，出目 X の分散は $\frac{35}{12}$ である．

・サイコロを 2 回振るときの出目の和 X の分散はどうなるか．出目を順に X_1，X_2 とおくと，$X=X_1+X_2$ である．X_1，X_2 の分散が $\frac{35}{12}$ で，2 つは独立であるから，

$$(X\text{の分散})=1^2(X_1\text{の分散})+1^2(X_2\text{の分散})$$

$$=\frac{35}{12}+\frac{35}{12}=\frac{35}{6}$$

・サイコロを 6 回振るときの“出目の平均 X”の分散はどうなるだろうか．k 回目の出目を X_k $(1 \leqq k \leqq 6)$ とおく．

$$X=\frac{X_1+X_2+X_3+X_4+X_5+X_6}{6}$$

で，各回の出目は独立だから，

$$(X\text{の分散})=\frac{\frac{35}{12}\times 6}{6^2}=\frac{35}{72}$$

なお，X の平均は，$\frac{\frac{7}{2}\times 6}{6}=\frac{7}{2}$ で，X_k の平均と等しい．

1.1.2 連続型確率変数・正規分布

確率変数Xの分布を図にすることがある.

X	1	2	3	4
P	0.1	0.3	0.4	0.2

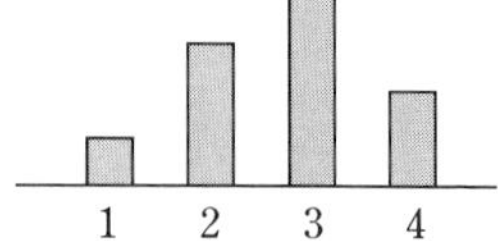

このグラフで，各棒の横幅を1とすると，面積の総和は1である．確率を面積で表すことができる．

Xのとる値の種類が増えていくと，グラフは曲線を描くようになる．とりうる値の範囲が，連続する数値の範囲になると，まさに関数となる．連続型確率変数と確率密度関数である．

【連続型確率変数と確率密度関数】

連続的な値をとる確率変数の分布曲線を表す関数が確率密度関数で，以下を満たす：

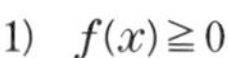

1) $f(x) \geqq 0$

2) $P(a \leqq X \leqq b) = \int_a^b f(x)dx$

3) $\int_\alpha^\beta f(x)dx = 1$

ただし，Xの値の範囲が$\alpha \leqq X \leqq \beta$であり，$a$，$b$は$\alpha \leqq a \leqq b \leqq \beta$を満たす($\alpha = -\infty$，$\beta = \infty$も認める)．

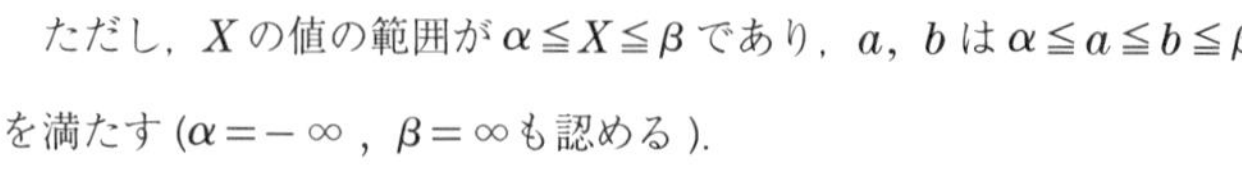

このとき，期待値，分散は

$$E(X) = \int_\alpha^\beta xf(x)dx$$

$$V(X) = \int_\alpha^\beta (x-m)^2 f(x)dx \quad (m = E(X))$$

【正規分布】

連続型確率変数の分布の代表的なもの.

期待値 m，標準偏差 σ の正規分布の確率密度関数は

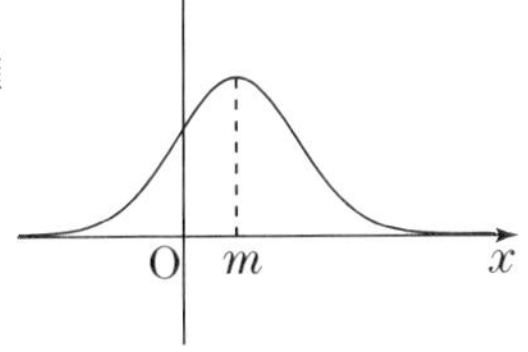

$$f(x)=\frac{1}{\sqrt{2\pi}\sigma}e^{-\frac{(x-m)^2}{2\sigma^2}}$$

で，(指数) $=-\dfrac{(x-m)^2}{2\sigma^2}$ である.

この確率変数は「$N(m,\ \sigma^2)$ に従う」という．() 内は，標準偏差 σ ではなく，分散 σ^2 である.

$f(x)$ が確率密度関数の定義 3) を満たすことは，高校範囲では証明できない (広義積分) が，後の章で確認する．$f(x)$ の式を覚える必要はない！

【標準正規分布】

期待値 0，標準偏差 1 のときの関数は

$$f(x)=\frac{1}{\sqrt{2\pi}}e^{-\frac{x^2}{2}}$$

で，これが表す確率分布を「標準正規分布」という.

X が期待値 m，標準偏差 σ の正規分布 $N(m,\ \sigma^2)$ に従うとき,

$$Z=\frac{X-m}{\sigma}$$

が標準正規分布 $N(0,\ 1)$ に従う (前項を参照).

$f(x)$ の式を覚える必要はない！標準正規分布に関するデータをまとめたものが，正規分布表に登場するものである (正規分布表については後ほど).

正規分布を使いこなすために重要な性質がある．これだけは確実に覚えておかねばならない．

確率変数Xが，平均がmで分散がσ^2の正規分布$N(m,\ \sigma^2)$に従うとする．このとき，$Z=\dfrac{X-m}{\sigma}$という確率変数を考える．これは，見た瞬間に，

「平均が 0，標準偏差が 1」

と分かるようにしておきたいものだった．

> Xが正規分布に従うとき，Zも正規分布に従う

が重要である (証明は高校範囲では難しい).

$Z=\dfrac{X-m}{\sigma}$は，分母がXの標準偏差，分子はXから平均 (期待値) を引いている．平均が 0，標準偏差が 1 の正規分布だから，「標準正規分布」になっている．

これを利用すると，例えば，$X \geqq m$ は $Z \geqq 0$ と同じ意味になるから，

$$P(X \geqq m)=P(Z \geqq 0)$$

である．このように，Xがある条件 (A) を満たす確率は，それをZでの条件 (B) に書き換えることにより，Zが条件 (B) を満たす確率として求めることができる．

そこで活躍するのが，正規分布表である．表には右のような図が添えられている．正規分布表は，標準正規分布で $0 \sim u$ の面積 $p(u)$ の一覧表である．つまり，$0 \leqq x \leqq u$

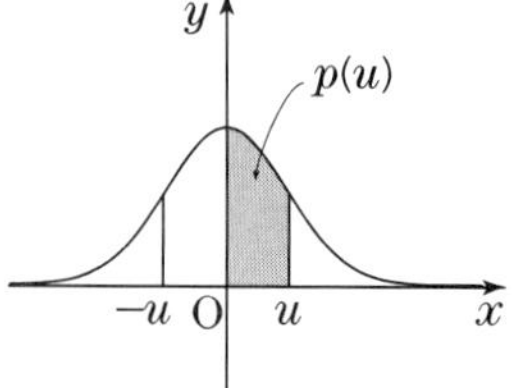

となる確率 $p(u)$ を求めるための表である．

例えば，次の表の色を付けた部分には 0.0478 と書かれているが，ここは 0.1 と .02 がクロスする枠なので，$u=0.12$ のときの面積を表している．

u	.00	.01	.02
0.0	0.0000	0.0040	0.0080
0.1	0.0398	0.0438	0.0478
0.2	0.0793	0.0832	0.0871

$$P(0 \leqq Z \leqq 0.12) = 0.0478$$

等号成立する確率は 0 と考える (面積は 0 だから) から，

$$P(0 < Z < 0.12) = 0.0478$$

$$P(0 \leqq Z < 0.12) = 0.0478$$

$$P(0 < Z \leqq 0.12) = 0.0478$$

である．また，対称性から

$$P(-0.12 \leqq Z \leqq 0) = 0.0478$$

$$P(-0.12 \leqq Z \leqq 0.12) = 0.0478 \times 2$$

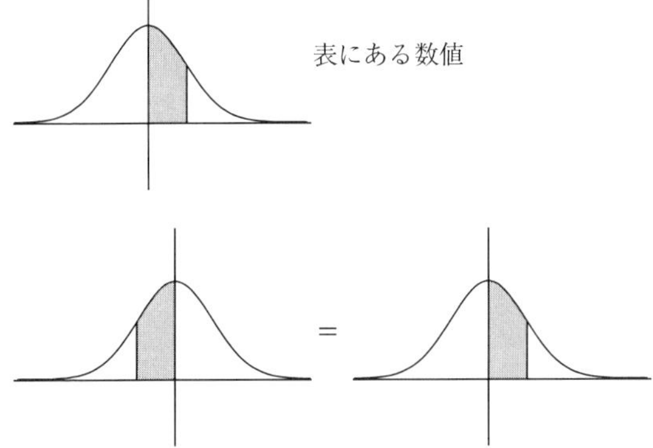

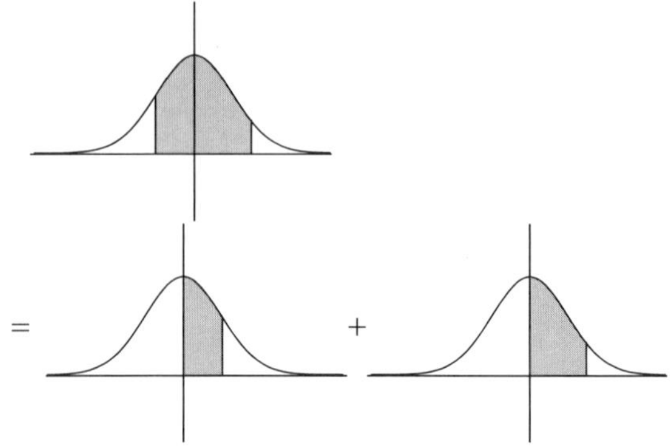

$P(-0.1 \leqq Z \leqq 0.2)$ のようなものは，上のように考える．つまり，

$$P(-0.1 \leqq Z \leqq 0.2) = P(0 \leqq Z \leqq 0.1) + P(0 \leqq Z \leqq 0.2)$$

である．また，例えば

$$P(0.1 \leqq Z \leqq 0.2) = P(0 \leqq Z \leqq 0.2) - P(0 \leqq Z \leqq 0.1)$$

である．これは，次の図のように考えている．

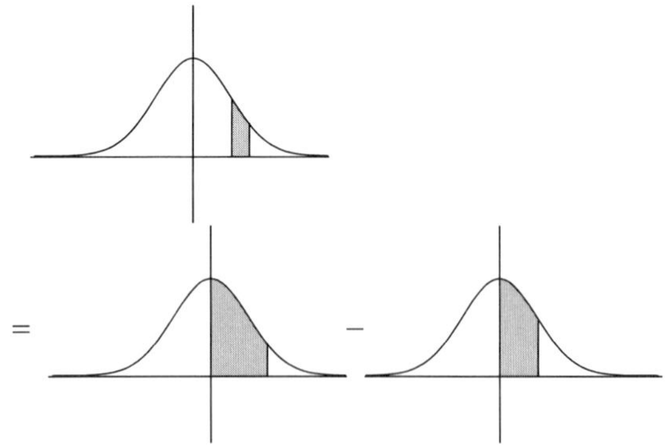

さらに，右半分全体の面積が 0.5 であるから，

$$P(Z \geqq 0.12) = 0.5 - 0.0478$$

である．次の図のように考える．

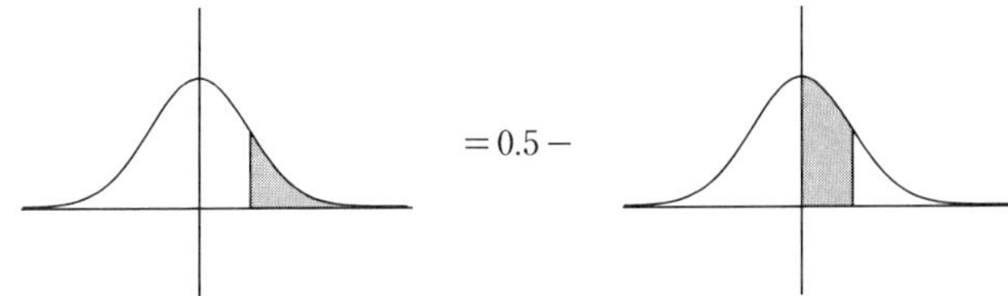

ここまでが標準正規分布の話である．

さらには，X が平均 m で分散 σ^2 の正規分布 $N(m,\ \sigma^2)$ に従うとする．このとき，$Z=\dfrac{X-m}{\sigma}$ で，これが標準正規分布に従う．X と Z の関係から，X に関する確率を考えることができる．例えば，$0 \leqq Z \leqq 0.12$ は X でいうと

$$m \leqq X \leqq m+0.12\sigma$$

である．よって，

$$P(m \leqq X \leqq m+0.12\sigma)$$
$$=P(0 \leqq Z \leqq 0.12)=0.0478$$

である．このようにして，一般の正規分布についても，標準正規分布に帰着させて，確率を求めることができる．これが，正規分布の重要な性質で，広く応用が効く．正規分布表との関係をイメージできるように，図で整理するのがポイントである．

大事なので，もう一度．

- ・標準正規分布 $Z=\dfrac{X-m}{\sigma}$ に帰着する
- ・正規分布表を利用して，あらゆる確率を求めることができる
- ・図を利用して可視化するとミスも防げる

正規分布表の中で特に重要な数値がある．$u = 1.96$ に対応する 0.4750 である．これを 2 倍すると

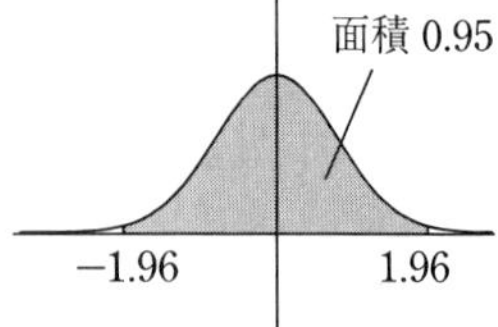

$$0.4750 \times 2 = 0.9500$$

で，確率 95% になる．つまり，

$$P(-1.96 \leqq Z \leqq 1.96) = 0.9500$$

で，95% の確率で $-1.96 \leqq Z \leqq 1.96$ が起こるのである（詳しくは「95% 信頼区間」のときに説明する）．この区間の幅が

$$1.96 \times 2$$

であることを覚えておこう（覚えにくいから，“95” = “1.4^2” と私は無理矢理に覚えている．$14^2 = 196$ だから，$1.96 = 1.4^2$ である）．

では，一般の正規分布の場合はどうなるだろう．

こういうときは，Z と X の関係を思い出そう．

X が平均 m で分散 σ^2 の正規分布に従うとする．このとき，標準正規分布は $Z = \dfrac{X-m}{\sigma}$ で表されるのであった．

$-1.96 \leqq Z \leqq 1.96$ は

$$m - 1.96\sigma \leqq X \leqq m + 1.96\sigma$$

である．この範囲の幅は

$$1.96 \times 2 \times \sigma$$

で，標準偏差 σ に比例する（分散 σ^2 の平方根に比例する）．

1.1.3　二項分布・近似・推定・信頼区間

【二項分布】

各回で A が起きる確率が $p\ (0<p<1)$ であるような試行を n 回繰り返すとき，A が起きる回数を X とすると

$$P(X=k)={}_n\mathrm{C}_k p^k(1-p)^{n-k}$$

である．確率変数 X は「二項分布 $B(n,\ p)$ に従う」という．

X の期待値と分散を求めてみよう．「0，1 の期待値 (造語)」を使う．

確率変数 $X_k\ (1 \leqq k \leqq n)$ を k 回目に A が起きれば 1，起きなければ 0 という値をとるものとする．すると，

$$X=X_1+\cdots\cdots+X_n$$

である．

$$E(X_k)=1\cdot p+0\cdot(1-p)=p$$

$$\begin{aligned}V(X_k)&=E({X_k}^2)-(E(X_k))^2\\&=\{1^2\cdot p+0^2\cdot(1-p)\}-p^2\\&=p-p^2=p(1-p)\end{aligned}$$

である．各回の試行は独立であるから，X_1，……，X_n も独立で，

$$E(X)=E(X_1)+\cdots+E(X_n)=np$$

$$V(X)=1^2V(X_1)+\cdots+1^2V(X_n)=np(1-p)$$

各回で A が起きる確率が p である試行を n 回繰り返すとき，A が起きる回数 X は二項分布 $B(n,\ p)$ に従い，

$$m=np,\ \sigma^2=np(1-p)$$

これを，独立性を用いずに計算すると，どうなるだろう？二項分布という名前からも分かるように，二項定理を使う．メンドクサイから，もう二度とやらない．一度だけ，やっておこう．

【証明】

まず期待値は

$$E(X)=\sum_{k=0}^{n}k{}_n\mathrm{C}_k p^k(1-p)^{n-k}=\sum_{k=1}^{n}k{}_n\mathrm{C}_k p^k(1-p)^{n-k}$$

である．$1\leqq k\leqq n$ に対し，

$$\begin{aligned}k{}_n\mathrm{C}_k&=k\cdot\frac{n!}{k!(n-k)!}\\&=n\cdot\frac{(n-1)!}{(k-1)!(n-k)!}=n{}_{n-1}\mathrm{C}_{k-1}\end{aligned}$$

であるから，二項定理より

$$\begin{aligned}E(X)&=\sum_{k=1}^{n}n{}_{n-1}\mathrm{C}_{k-1}p^k(1-p)^{n-k}\\&=np\sum_{k=1}^{n}{}_{n-1}\mathrm{C}_{k-1}p^{k-1}(1-p)^{n-k}\\&=np\{p+(1-p)\}^{n-1}=np\end{aligned}$$

である．分散は

$$V(X)=\sum_{k=0}^{n}k^2{}_n\mathrm{C}_k p^k(1-p)^{n-k}-(np)^2$$

$n\geqq 2$ とする．$2\leqq k\leqq n$ に対し

$$\begin{aligned}k(k-1){}_n\mathrm{C}_k&=\frac{n!}{(k-2)!(n-k)!}\\&=n(n-1)\cdot\frac{(n-2)!}{(k-2)!(n-k)!}\\&=n(n-1){}_{n-2}\mathrm{C}_{k-2}\end{aligned}$$

であるから，

$$
\begin{aligned}
&\sum_{k=0}^{n} k^2{}_n\mathrm{C}_k p^k(1-p)^{n-k} \\
&=\sum_{k=0}^{n} k(k-1)_n\mathrm{C}_k p^k(1-p)^{n-k} \\
&\quad+\sum_{k=0}^{n} k_n\mathrm{C}_k p^k(1-p)^{n-k} \\
&=n(n-1)p^2\sum_{k=2}^{n}{}_{n-2}\mathrm{C}_{k-2}p^{k-2}(1-p)^{n-k}+E(X) \\
&=n(n-1)p^2\{p+(1-p)\}^{n-2}+np \\
&=(np)^2-np^2+np
\end{aligned}
$$

である．$(np)^2$ を引いて，

$$V(X)=-np^2+np=np(1-p)$$

となる．これは $n=1$ でも成り立つ．

■

独立性は偉大である．

さて，実用の話に移っていこう．

実際にサイコロを振って1の目が出るかどうかを考えるとき，6回振れば1回だけ1が出るというものではない．あくまで，理論値である．しかし，振る回数がとてつもなく大きいと，どの目が出る割合も，すべてほぼ等しくなってくる．これを『大数の法則』という．

その性質を利用して，理論値を推定することがある．

そのときに重要になるのが，『中心極限定理』という仰々しい名前の定理である．

【中心極限定理】
標本数が多いとき，二項分布は正規分布で近似できる．

注）本当は「二項分布に限らず，どんな分布 X_m でも，多数の和

$$X = X_1 + \cdots\cdots + X_n$$

を考えると正規分布で近似できる」という定理である．

この定理を証明することは難しい．グラフを利用して定理のイメージを説明することが多いが，ここでは，数値で実感していきたい．

$p = \dfrac{1}{3}$ ，$n = 99$ の二項分布 X を考えよう．

期待値は $np = 33$ である．実は，$P(X = k)$ $(0 \leqq k \leqq 99)$ の中で最大になるのは $k = 33$ のときである．コンピュータに計算させると

$$P(X = 33) = \frac{{}_{99}\mathrm{C}_{33} 2^{66}}{3^{99}} = 0.0848\cdots\cdots$$

である．約 8.5% である．

分散が $np(1-p) = 22$ で，標準偏差は

$$\sqrt{22} = 4.6904\cdots\cdots$$

X が「平均からの差が標準偏差 1 つ分以内」の範囲に入る確率は

$$P(33 - 4.6904\cdots\cdots \leqq X \leqq 33 + 4.6904\cdots\cdots) = P(29 \leqq X \leqq 37)$$

である．これを求めてみよう．

コンピュータの力を借りて，$X = 29$，30，……，37 となる確率を求めて，それらを足すと，

$$P(29 \leqq k \leqq 37) = 0.6626\cdots\cdots$$

となる．

これの半分を考えて，

$$P(33 \leqq X \leqq 37) \fallingdotseq 0.6626\cdots\cdots \div 2 = 0.3313\cdots\cdots$$

と考えられる．

$$P(33 \leqq X \leqq 33 + 4.6904\cdots\cdots) = P(m \leqq X \leqq m + \sigma)$$

と捉えることができる．

ここで，正規分布表を思い出す．

$u = 1.0$ のとき，

$$p(1.0) = 0.3413$$

である．これは，標準正規分布に従う Z での

$$P(0 \leqq Z \leqq 1)$$

である．上の二項分布で同じ範囲に入る確率 $P(m \leqq X \leqq m + \sigma)$ は，先ほど計算した通り 0.3313……である．

なかなか近い数字ではないだろうか？これが「中心極限定理」の

二項分布は正規分布で近似できる

の意味である．n がもっと大きいと，もっと良い．

同様に，「平均～平均＋標準偏差 2 つ分の範囲に入る確率」を考えてみると，二項分布，正規分布の順に，

0.4789……（コンピュータの力）

$p(2.0) = 0.4772$（正規分布表）

である．やはり，「標本数が多いとき，二項分布が正規分布で近似できる」のである．

では，この事実をどのように活かしていくのか．推定の話に移っていこう．

【近似】

n が大きいとき，二項分布 X は正規分布で近似できる．つまり，$m=np$，$\sigma^2=np(1-p)$ の二項分布は，同じ m，σ の正規分布とほぼ等しい．さらに，$Z=\dfrac{X-m}{\sigma}$ は，標準正規分布で近似できる．これにより，正規分布表を利用できるようになる．

【標本比率・母比率の推定と信頼区間】

十分大きい母集団があり，その中に条件 A を満たすものがどんな割合 p (母比率) で含まれるかを考えたい．

すべてを調べるのは難しいから，その中から n 個の標本を“無作為”に抽出する．n 個の中に条件 A を満たすものが k 個含まれていたら，求めたい割合 p の推定値として，標本比率 $\dfrac{k}{n}$ を採用する．

本当は「母集団から n 個を同時に取り出す」のだが，母集団が十分大きく，「いくつか取り出しても A を満たすものを取り出す確率は変わらない」と考え，二項分布で捉える．

X_k $(1\leqq k\leqq n)$ を，k 個目が A を満たせば 1，満たさなければ 0 という値をとる確率変数とする．すると，標本比率を表す確率変数 R は

$$R=\frac{X_1+\cdots+X_n}{n}=\frac{X}{n}$$

である ($X=X_1+\cdots\cdots+X_n$ は二項分布に従う確率変数，R を $\overline{X}$ とも書く)．

$$E(X)=np,\quad V(X)=np(1-p)$$

であるから，R について

$$m=\frac{np}{n}=p,\ \sigma^2=\frac{np(1-p)}{n^2}=\frac{p(1-p)}{n}$$

である．n が十分大きいと，これも正規分布で近似できる．そして，

$$Z=\frac{R-m}{\sigma}=\frac{R-p}{\sqrt{\frac{p(1-p)}{n}}}$$

が標準正規分布で近似できることも分かる．

実際に n 個を抽出して k 個が A を満たしていたとする．$R=\frac{k}{n}$ という値が得られたことになる．R がこの値になる確率はどれくらいなのだろう？あまり低いようだと困ってしまう．とりあえず，これを p の推定値とするのだが，ここで“信頼性”を考える．

標準正規分布 Z で，正規分布表から

$$P(-1.96 \leqq Z \leqq 1.96)=0.9500$$

となるのだった (95% 信頼区間，$1.4^2=1.96$ を使うのだった！)．

$$-1.96 \leqq Z \leqq 1.96$$

が 95% の確率で成立する．R では

$$m-1.96\sigma \leqq R \leqq m+1.96\sigma$$

つまり，

$$p-1.96\sqrt{\frac{p(1-p)}{n}} \leqq R \leqq p+1.96\sqrt{\frac{p(1-p)}{n}}$$

が 95% の確率で成立する．

> この範囲に $R=\frac{k}{n}$ が含まれる確率は 95% である．

ここから，不等式を変形する．

$\dfrac{k}{n} = r$ とおく．試行の結果得られた標本比率である．$R = r$ は 95% の確率で

$$p-1.96\sqrt{\frac{p(1-p)}{n}} \leqq R \leqq p+1.96\sqrt{\frac{p(1-p)}{n}}$$

の範囲に含まれる．つまり，

$$p-1.96\sqrt{\frac{p(1-p)}{n}} \leqq r \leqq p+1.96\sqrt{\frac{p(1-p)}{n}}$$

$$\therefore\quad r-1.96\sqrt{\frac{p(1-p)}{n}} \leqq p \leqq r+1.96\sqrt{\frac{p(1-p)}{n}}$$

が 95% の確率で起こる．つまり，求めたい母比率 p は，95% の確率で，測定値 r (標本比率) を用いた上の不等式を満たす．

しかし，これでは，左辺と右辺に p が含まれている．p の説明をするのに p を用いてしまっている．そこで，次のように処理する．

$$r-1.96\sqrt{\frac{r(1-r)}{n}} \leqq p \leqq r+1.96\sqrt{\frac{r(1-r)}{n}}$$

左辺と右辺の p を，推定値 r に変えてしまうのである．これで得られた標本比率 $r = \dfrac{k}{n}$ から，母比率 p の推定値と信頼区間が分かる．p は 95% の確率で，

$$r-1.96\sqrt{\frac{r(1-r)}{n}} \leqq p \leqq r+1.96\sqrt{\frac{r(1-r)}{n}}$$

の範囲にある．しかし，5%の確率で，得られた標本比率 r とはずいぶん離れた値になることもある．

99% 信頼区間を考えることもある．95% のときより範囲の幅は広くなる．

●まとめ●

十分大きい母集団があり，その中に条件Aを満たすものがどんな割合p(母比率)で含まれるかを考えたい．

十分大きいn個の標本を“無作為”に抽出し，k個含まれていたとする．得られた標本比率$r=\dfrac{k}{n}$を用いて，pが95%の確率で満たす条件を考える．それが，次の95%信頼区間である．

$$r-1.96\sqrt{\frac{r(1-r)}{n}} \leqq p \leqq r+1.96\sqrt{\frac{r(1-r)}{n}} \quad \cdots\cdots \quad (*)$$

本来，標本比率Rは確率変数で，$R=r$となるかどうかは確率で決まる．無作為の抽出だから，Rは

$$m=p,\ \sigma^2=\frac{p(1-p)}{n}$$

を満たす．pの推定をするときには，

$$r-1.96\sigma \leqq p \leqq r+1.96\sigma$$

が本来の信頼区間である．p分かっていないから，σのpをrにして

$$\sigma^2 \fallingdotseq \frac{r(1-r)}{n}$$

と考える．これを用いて作った95%信頼区間が(*)である．

得られたrから，pが95%の確率で満たす条件を考えている．

この式から，信頼区間の幅が分かる．抽出する個数nを$4n$に変えると，区間の幅は$\dfrac{1}{2}$倍になり，$9n$に変えたら区間の幅は$\dfrac{1}{3}$倍になる．抽出数が多いほど，信頼区間の幅は狭くなる．同じ標本比率が得られても，nが小さいと，pに関する情報はあやふやである．個数が多い方がpをより細かく確定させることができるのである．

【標本平均，母平均の推定と信頼区間】

ある工場で製品を大量に作る．製品1つあたりの重さを表す確率変数Xは，平均m，標準偏差σの正規分布$N(m,\ \sigma^2)$に従うとする．

製品n個の重さを測り，その平均Yを考える．製品1つの重さの平均値である．実際に得られた標本平均をmの推定値とする．

k個目の重さをX_kとすると，

$$Y=\frac{X_1+\cdots+X_n}{n}$$

である．平均と分散は

$$E(Y)=\frac{E(X)\times n}{n}=m,\ V(Y)=\frac{V(X)\times n}{n^2}=\frac{\sigma^2}{n}$$

であり，標準偏差は$\dfrac{\sigma}{\sqrt{n}}$である．

Yは平均m，標準偏差$\dfrac{\sigma}{\sqrt{n}}$の正規分布に従うと考えるから，標準正規分布Zは

$$Z=\frac{Y-m}{\dfrac{\sigma}{\sqrt{n}}}$$

である．95% の確率で

$$-1.96\leqq Z\leqq 1.96$$

$$m-1.96\frac{\sigma}{\sqrt{n}}\leqq Y\leqq m+1.96\frac{\sigma}{\sqrt{n}}$$

が成り立つ．

実際にn個を取り出したときに重さの平均がaになったとする．何らかの確率$P(Y=a)$でこの出来事は起こる．すると，95% の確率でm，σの間に，以下が成り立つ．

$$m-1.96\frac{\sigma}{\sqrt{n}} \leqq a \leqq m+1.96\frac{\sigma}{\sqrt{n}}$$

$$\therefore \quad a-1.96\frac{\sigma}{\sqrt{n}} \leqq m \leqq a+1.96\frac{\sigma}{\sqrt{n}}$$

が成り立つ．これが m に対する 95% 信頼区間である．

全体の割合 m が分かっていないときに，いくつか取り出して割合 a を求める．それを用いて m を推定する．

問題の設定として，σ が与えられていて，m に対する信頼区間を求めさせることがある．そのときは，

$$a-1.96\frac{\sigma}{\sqrt{n}} \leqq m \leqq a+1.96\frac{\sigma}{\sqrt{n}}$$

が信頼区間である．

一般的な状況では, σ は未知である．σ の分布を考慮することもあるが，本書では触れない．高校数学の統計では，σ の推定値をそのまま使う．

実際に n 個を取り出したときに，重さの平均 a だけではなく，標準偏差 s も求める．それを σ の推定値として代入する．つまり，信頼区間は

$$a-1.96\frac{s}{\sqrt{n}} \leqq m \leqq a+1.96\frac{s}{\sqrt{n}}$$

信頼区間の幅については，先ほどと同様である．n を $4n$ に変えると，区間の幅は $\frac{1}{2}$ 倍になり，n を $9n$ に変えたら区間の幅は $\frac{1}{3}$ 倍になる．

標本を取り出して推定するとき，その信頼性は，“全体の何割を取り出したか？”ではなく“標本の大きさはいくらか？”で決まるのである．それなりの個数で考えると，レアケースが起こる確率を小さくすることが

できる，ということである．

その前提は，“無作為”に標本を抽出していることである．

1.1.4 偏差値で正規分布の理論確認

やはり，統計は，実際に自分で例を見つけて考えることで身を以て習得するものである．

コインを1万回投げるとき，表の出る回数(Xとおく)は5000回くらいになるだろうと考えられる．$4950 \leqq X \leqq 5050$となる確率はどれくらいだろうか？

$p=\dfrac{1}{2}$，$n=10000$であるから

$$E(X)=5000,\ V(X)=2500,\ \sigma=50$$

である．$4950 \leqq X \leqq 5050$は$E(X)-\sigma \leqq X \leqq E(X)+\sigma$であるから，この範囲に入る確率は，正規分布表を用いて求められ，

$$2p(1.0)=0.6826$$

と概算できる．約68%である．

では，5000～5100，5050～5150に入る確率はどのくらいだろうか？前者は

$$p(2.0)=0.4772$$

後者は$p(3.0)=0.49865$を利用して，

$$p(3.0)-p(1.0)=0.15735$$

と概算できる．

これが分かっても，そんなに嬉しいことはない…そこで，本項では，身

近な偏差値を例に，理論の復習をやってみよう．

まずは，偏差値の定義から．

> 【偏差値】
>
> 模擬試験などで使われる成績評価の指標．得点を 1 次式に代入して得られる．平均点を m，標準偏差を σ とすると
>
> $$(\text{偏差値}) = 10(\text{得点} - m) \div \sigma + 50$$

数値の意味を確認しておこう．

- 平均点 m を偏差値 50 にする．
- σ だけ得点が変化したら，偏差値が 10 変化する．
- 受験者が十分多いテストで，一人だけ満点，他が全員 0 点であるとしたら，m も σ も，ほぼ 0 である．このとき，満点の人の偏差値は，いくらでも大きな値になりえる (100 を越えない，などということはない)．もちろん，負の偏差値になることもある．
- 受験者が十分多いとき，得点の分布は正規分布に近づくと仮定できる (中心極限定理)．正規分布表を利用すると，

偏差値 70(30)…上 (下) から 2.3%

偏差値 65(35)…上 (下) から 6.7%

偏差値 60(40)…上 (下) から 15.9%

偏差値 55(45)…上 (下) から 30.9%

偏差値 50…上からも下からも 50.0%

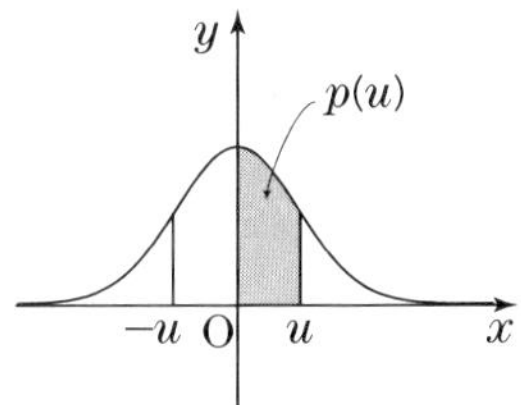

これくらいのイメージを持っておくと良い．

実際の全国模試の得点分布が正規分布からはかけ離れていることも多いから，上記はあくまで目安としての数値である．

偏差値の言葉で言うと，標準偏差1つ分だけ平均より高得点なのは，偏差値60である(得点がσ変化したら偏差値は10変化する)．正規分布を仮定すると，偏差値50～60の人が全体の34.13%を占める．偏差値60～70が全体の偏差値13.59%を占め，偏差値70以上となるのは全体のたった2.28%である．

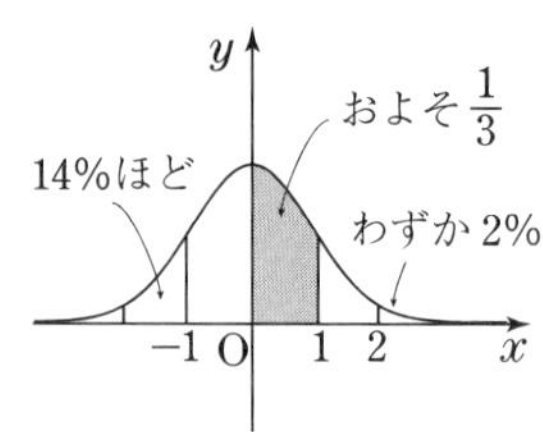

このイメージは，一般的に使える！

では，倍率が3倍の入試で合格するために必要な受験者中の偏差値の目安は，どれくらいだろうか？

合格するには上位33.33%に入る必要がある．

$$0.5-0.3333=0.1667$$

であるから，平均よりも16.67%以上は上にくるべきである．

u	.03	.04	.05
0.3	0.1293	0.1331	0.1368
0.4	0.1664	0.1700	0.1736
0.5	0.2019	0.2054	0.2088

枠に0.1667と書かれているところはないが，$u=0.44$の枠に0.1700とあるから，目安は偏差値54.4である．

意外と低い！正規分布は，それくらい中央集約の分布なのである．

全国模試の偏差値を見るときも，偏差値から立ち位置が上位何%なのかは分かる．また，標準偏差を見ておくと，「偏差値5上げるには何点伸ばせば良かったか？」にも答えられる．標準偏差(偏差値が10上がる)の半分である．ただし，現実には厳密に正規分布に従っていることはないから，あくまで目安にしておきたい．

1.2　大学入試問題演習

では，ここからは基本理論を使って，大学入試問題を解いていきましょう．ずっと出題している大学は，鹿児島大などに限られています．

統計分野は定性的な観点が必要で，純粋な数学とは少し違うアプローチです．定量的な部分と定性的な部分のバランスが難しいです．

テーマごとに分け，内容確認も添えます．解答は簡単なものにします．

1.2.1-①　期待値の基本計算

「確率変数の値」と「確率」の積を足していくだけの問題を集めています．

1 15 共立女子大・家政「1」(3)

2人の子供のうち，1人はさいころを投げて，3の倍数の目が出たときは1500円，それ以外の目が出たときはx円のこづかいをもらうとする．もう1人は，何もしないで1000円のこづかいをもらうとする．2人のこづかいの期待値が等しくなる場合のxの値を求めよ．

さいころを投げる子供のこづかいの期待値は

$$1500 \cdot \frac{1}{3} + x \cdot \frac{2}{3} = 500 + \frac{2x}{3}$$

これが1000と一致するとき，$x = 750$

■

2 17 明治大・商「1」(2)

それぞれ1から5までの数字が書かれた5枚のカードがある．このカードを，1回目に引いたカードは戻さずに，続けて2回引く．1回目に引いたカードの数字を a，2回目に引いたカードの数字を b とする．このとき，a と b の大きい数字の方を得点とするとき，得点の期待値は，［　　］である．また，$a \leqq 3$ でかつ，$a+b$ が偶数となる確率は，［　　］である．

解

組合せの総数は ${}_5C_2=10$ 通りで，得点が k $(k=2,\ 3,\ 4,\ 5)$ となる組合せは $k-1$ 通りある．よって，得点の期待値は

$$\frac{2\cdot1+3\cdot2+4\cdot3+5\cdot4}{10}=4$$

$a=1$ のとき，$b=3,\ 5$ で2通り．$a=3$ のときも2通り．$a=2$ のときは $b=4$ の1通り．よって，確率は

$$\frac{2+2+1}{10}=\frac{1}{2}$$

■

③ 18昭和大 医-1期「3」(5)

青，赤，白，黒の球がそれぞれ4個ずつ袋の中に入っている．この袋の中から4個の球を取り出すとき，次の問いに答えよ．

(1)　ちょうど2種類の色の球が取り出される確率を求めよ．

(2)　取り出される球の色の種類の数の期待値 (平均値) を求めよ．

解

(1)　組合せの総数は ${}_{16}C_4=2\cdot5\cdot14\cdot13$ 通り．

2色の選び方は ${}_4C_2=6$ 通り．例えば，青，赤とする．(青，赤) の個

数の組合せは (1，3)，(2，2)，(3，1) であるから，求める確率は

$$\frac{6(4\cdot4+{}_4\mathrm{C}_2\cdot{}_4\mathrm{C}_2+4\cdot4)}{2\cdot5\cdot14\cdot13}=\frac{102}{455}$$

(2)　1 色，4 色になる確率は，それぞれ

$$\frac{4}{2\cdot5\cdot14\cdot13}=\frac{1}{455},\ \frac{4\cdot4\cdot4\cdot4}{2\cdot5\cdot14\cdot13}=\frac{64}{455}$$

3 色になる確率は

$$1-\left(\frac{102}{455}+\frac{1}{455}+\frac{64}{455}\right)=\frac{288}{455}$$

期待値は

$$\frac{1\cdot1+2\cdot102+3\cdot288+4\cdot64}{455}=\frac{1325}{455}=\frac{265}{91}$$

■

④ 17 京大・文系・前期「5」

1 から 20 までの目がふられた正 20 面体のサイコロがあり，それぞれの目が出る確率は等しいものとする．A，B の 2 人がこのサイコロをそれぞれ 1 回ずつ投げ，大きな目を出した方はその目を得点とし，小さな目を出した方は得点を 0 とする．また同じ目が出た場合は，A，B ともに 0 とする．このとき，A の得点の期待値を求めよ．

A が k の目 $(2\leqq k\leqq 20)$ を出すとき，得点を得るのは B が $1\sim k-1$ の目を出すときである．よって，得点の期待値は

$$\sum_{k=2}^{20}k\cdot\frac{1}{20}\cdot\frac{k-1}{20}=\frac{1}{400}\sum_{k=1}^{20}(k^2-k)=\frac{1}{400}\left(\frac{20\cdot21\cdot41}{6}-\frac{20\cdot21}{2}\right)$$

$$=\frac{1}{400}\cdot\frac{20\cdot21(41-3)}{6}=\frac{133}{20}$$

■

5 14 九州大・文理・前期「4」

Aさんは5円硬貨を3枚，Bさんは5円硬貨1枚と10円硬貨を1枚持っている．2人は自分が持っている硬貨すべてを一度に投げる．それぞれが投げた硬貨のうち表が出た硬貨の合計金額が多い方を勝ちとする．勝者は相手の裏が出た硬貨をすべてもらう．なお，表が出た硬貨の合計金額が同じときは引き分けとし，硬貨のやりとりは行わない．このゲームについて，以下の問いに答えよ．

(1) AさんがBさんに勝つ確率 p，および引き分けとなる確率 q をそれぞれ求めよ．

(2) ゲーム終了後にAさんが持っている硬貨の合計金額の期待値 E を求めよ．

解

(1) Aさんが何枚表を出すかで分けて，Aさんのお金の出入りを考える．Bさんの結果は，表が出る硬貨に○を付けて表示する．

A＼B	5，10	⑤，10	5，⑩	⑤，⑩
0	0	-15	-15	-15
1	$+15$	0	-10	-10
2	$+15$	$+10$	0	-5
3	$+15$	$+10$	$+5$	0

Aさんが表を出す枚数が0，1，2，3である確率は，順に

$$\frac{1}{8},\ \frac{3}{8},\ \frac{3}{8},\ \frac{1}{8}$$

で，Bさんはどの結果になる確率も $\frac{1}{4}$ である．

表で＋の部分がAさんが勝つ場合であるから，

$$p=\frac{3}{8}\cdot\frac{1}{4}+\frac{3}{8}\cdot\frac{1}{2}+\frac{1}{8}\cdot\frac{3}{4}=\frac{3}{8}$$

0 が引き分けの場合で，A のどの場合にも適する B の結果が 1 つだけあるから，

$$q=\frac{1}{4}$$

(2)【計算の工夫】

上の表がお金の出入りだから，これの平均に元の所持金 15 円を加えると，E になる．

$$\begin{aligned}E&=15+\left(\frac{1}{8}\cdot\frac{-45}{4}+\frac{3}{8}\cdot\frac{-5}{4}+\frac{3}{8}\cdot\frac{20}{4}+\frac{1}{8}\cdot\frac{30}{4}\right)\\&=15+\frac{15}{16}=\frac{15(16+1)}{16}=\frac{255}{16}\end{aligned}$$

■

1.2.1-② 確率変数の工夫による期待値の計算（基本）

$E(sX+tY)=sE(X)+tE(Y)$ はどんな確率変数 X，Y でも成り立ちます (独立でなくても)．これを攻めの道具にします．

1 つのパターンを紹介しておきます．

コインを 1 回投げると，表の出る回数の期待値は 0.5 です．10 回投げると，表の出る回数の期待値は 5 です．これをキチンと説明するには，「0，1 の期待値 (造語)」を利用します．

確率変数 X_k を，k 回目に表が出たら 1，裏が出たら 0 と定めます．すると，例えば，10 回が

表，表，裏，表，表，裏，表，表，裏，裏

であれば，表の回数は 6 です．$\{X_k\}$ の値は

1，1，0，1，1，0，1，1，0，0

となり，

$$(\text{表の回数})=1+1+0+1+1+0+1+1+0+0=6$$

です．つまり，

$$(\text{表の回数})=X_1+X_2+X_3+X_4+X_5+X_6+X_7+X_8+X_9+X_{10}$$

です．だから，

$$\begin{aligned}&E(\text{表の回数})\\&=E(X_1+X_2+X_3+X_4+X_5+X_6+X_7+X_8+X_9+X_{10})\\&=E(X_1)+E(X_2)+E(X_3)+E(X_4)+E(X_5)+E(X_6)+E(X_7)\\&\quad+E(X_8)+E(X_9)+E(X_{10})\end{aligned}$$

です．それぞれの期待値が

$$E(X_k)=1\cdot 0.5+0\cdot 0.5=0.5$$

だから，

$$E(\text{表の回数})=0.5+\cdots\cdots+0.5=5$$

「0，1の期待値(造語)」の和で表せる確率変数は多いです．工夫のパターンがいくつかあるので，それを問題で見ていきましょう．

まずはシンプルな工夫から．

1 14名古屋大・文系・前期「2」改

大小合わせて2個のサイコロがある．サイコロを投げると，1から6までの整数の目が等しい確率で出るとする．

(1) 2個のサイコロを同時に投げる．出た目の差の絶対値について，その期待値を求めよ．

(2) 2個のサイコロを同時に投げ，出た目が異なるときはそこで終了する．出た目が同じときには，大きいサイコロはそのままにしておき，小さいサイコロをもう一度だけ投げて，終了する．終了時に出ている2つの目の差の絶対値について，その期待値を求めよ．

解【計算・確率変数の工夫】

(1)　大サイコロの目 k $(1 \leqq k \leqq 6)$ を固定すると差の絶対値の平均 E_k は，

小/大	1	2	3	4	5	6
1	0	1	2	3	4	5
2	1	0	1	2	3	4
3	2	1	0	1	2	3
4	3	2	1	0	1	2
5	4	3	2	1	0	1
6	5	4	3	2	1	0

$$E_1 = E_6 = \frac{1+2+3+4+5}{6} = \frac{5}{2},$$
$$E_2 = E_5 = \frac{1\cdot 2+2+3+4}{6} = \frac{11}{6},$$
$$E_3 = E_4 = \frac{1\cdot 2+2\cdot 2+3}{6} = \frac{3}{2}$$

よって，求める期待値は

$$\frac{1}{6}\cdot 2\left(\frac{5}{2}+\frac{11}{6}+\frac{3}{2}\right) = \frac{35}{18}$$

(2)　確率変数 X_1 を，1回目で終了するときは差の絶対値，そうでないときは0と定める．確率変数 X_2 を，1回目で終了すると0，そうでないとき2回目終了時の差の絶対値と定める．

終了時に出ている目の差の絶対値は X_1+X_2 である．(1) より，

$$E(X_1) = \frac{35}{18}+0 = \frac{35}{18},\ E(X_2) = 0+\frac{6}{36}\cdot\frac{35}{18} = \frac{1}{6}\cdot\frac{35}{18}$$

であるから，求める期待値は

$$E(X_1+X_2) = E(X_1)+E(X_2) = \frac{35}{18}+\frac{1}{6}\cdot\frac{35}{18} = \frac{7}{6}\cdot\frac{35}{18} = \frac{245}{108}$$

■

2　14 岡山大学・文系・前期「4」

AとBが続けて試合を行い，先に3勝した方が優勝するというゲー

ムを考える．1試合ごとにAが勝つ確率をp，Bが勝つ確率をq，引き分ける確率を$1-p-q$とする．

(1) 3試合目で優勝が決まる確率を求めよ．

(2) 5試合目で優勝が決まる確率を求めよ．

(3) $p=q=\dfrac{1}{3}$としたとき，5試合目が終了した時点でまだ優勝が決まらない確率を求めよ．

(4) $p=q=\dfrac{1}{2}$としたとき，優勝が決まるまでに行われる試合数の期待値を求めよ．

解

(1) どちらかが3連勝する確率だから，p^3+q^3

(2) どちらかが4試合で2勝し，5試合目に勝つ確率だから，

$$ {}_4C_2p^2(1-p)^2p+{}_4C_2q^2(1-q)^2q=6\{p^3(1-p)^2+q^3(1-q)^2\} $$

(3) 余事象を考える．3，5試合目で終わる確率は，(1)，(2)より

$$ \frac{1}{27}+\frac{1}{27}=\frac{2}{27},\ 6\left(\frac{4}{3^5}+\frac{4}{3^5}\right)=\frac{16}{81} $$

4試合目で終わるのは，一般に

$$ {}_3C_2p^2(1-p)p+{}_3C_2q^2(1-q)q=3\{p^3(1-p)+q^3(1-q)\} $$

だから，いまは$3\left(\dfrac{2}{3^4}+\dfrac{2}{3^4}\right)=\dfrac{4}{27}$

以上から，求める確率は

$$ 1-\left(\frac{2}{27}+\frac{4}{27}+\frac{16}{81}\right)=\frac{47}{81} $$

(4) 引き分けがないから，試合数は最大でも5である．3，4，5試合目で終わる確率は，

$$\frac{1}{8}+\frac{1}{8}=\frac{1}{4},\ 3\left(\frac{1}{16}+\frac{1}{16}\right)=\frac{3}{8},\ 6\left(\frac{1}{2^5}+\frac{1}{2^5}\right)=\frac{3}{8}$$

よって，試合数の期待値は

$$3\cdot\frac{1}{4}+4\cdot\frac{3}{8}+5\cdot\frac{3}{8}=\frac{6+12+15}{8}=\frac{33}{8}$$

＜(4)の**別解**＞【確率変数の工夫】

確率変数 X_k $(1\leqq k\leqq 5)$ を，k 試合目が行われるとき 1，そうでないとき 0 と定める．

$$(\text{優勝確定までの試合数})=X_1+\cdots\cdots+X_5$$

$$E(X_1)=E(X_2)=E(X_3)=1,$$

$$E(X_4)=1\left(1-2\cdot\left(\frac{1}{2}\right)^3\right)+0=\frac{3}{4},$$

$$E(X_5)=1\cdot{}_4\mathrm{C}_2\left(\frac{1}{2}\right)^2\left(\frac{1}{2}\right)^2+0=\frac{3}{8}$$

$$\therefore\quad E(\text{優勝確定までの試合数})=E(X_1+\cdots\cdots+X_5)$$

$$=E(X_1)+\cdots\cdots+E(X_5)$$

$$=1+1+1+\frac{3}{4}+\frac{3}{8}=\frac{33}{8}$$

■

③ 14 金沢大・文系・前期「2」

1 から 4 までの番号を書いた玉が 2 個ずつ，合計 8 個の玉が入った袋があり，この袋から玉を 1 個取り出すという操作を続けて行う．ただし，取り出した玉は袋に戻さず，また，すでに取り出した玉と同じ番号の玉が出てきた時点で一連の操作を終了するものとする．

玉をちょうど n 個取り出した時点で操作が終わる確率を $P(n)$ とおく．

次の問いに答えよ.

(1) $P(2)$, $P(3)$ を求めよ.

(2) 6 以上の k に対し, $P(k)=0$ が成り立つことを示せ.

(3) 一連の操作が終了するまでに取り出された玉の個数の期待値を求めよ.

(1) $P(2)$ は 1 個目と同じ番号の玉が 2 個目に出る確率で,

$$P(2)=\frac{8}{8}\cdot\frac{1}{7}=\frac{1}{7}$$

$P(3)$ は 1 個目と 2 個目が違う番号で, 3 個目で 1, 2 個目のいずれかと同じ番号が出る確率で,

$$P(3)=\frac{8}{8}\cdot\frac{6}{7}\cdot\frac{2}{6}=\frac{2}{7}$$

(2) 4 種類しかないから, 5 個取り出すと, 同じ番号の玉の組が必ず存在する. よって, $k\geqq 6$ のときは $P(k)=0$ である.

(3) (1) と同様に

$$P(4)=\frac{8}{8}\cdot\frac{6}{7}\cdot\frac{4}{6}\cdot\frac{3}{5}=\frac{12}{35}$$
$$P(5)=\frac{8}{8}\cdot\frac{6}{7}\cdot\frac{4}{6}\cdot\frac{2}{5}\cdot\frac{4}{4}=\frac{8}{35}$$

であるから, 期待値は

$$2\cdot\frac{1}{7}+3\cdot\frac{2}{7}+4\cdot\frac{12}{35}+5\cdot\frac{8}{35}=\frac{10+30+48+40}{35}=\frac{128}{35}$$

＜(3) の 別解＞【確率変数の工夫】

確率変数 X_k ($k=2$, 3, 4) を, k 個目までバラバラの番号の玉が出て

いると1，そうでないとき0と定める．すると，

$$(\text{玉の個数})=2+X_2+X_3+X_4$$

$$E(X_2)=1\cdot\frac{8}{8}\cdot\frac{6}{7}+0=\frac{6}{7}$$

$$E(X_3)=1\cdot\frac{8}{8}\cdot\frac{6}{7}\cdot\frac{4}{6}+0=\frac{4}{7}$$

$$E(X_4)=1\cdot\frac{8}{8}\cdot\frac{6}{7}\cdot\frac{4}{6}\cdot\frac{2}{5}+0=\frac{8}{35}$$

$\therefore$ $E(\text{玉の個数})$

$$=E(2+X_2+X_3+X_4)=2+E(X_2)+E(X_3)+E(X_4)$$

$$=2+\frac{6}{7}+\frac{4}{7}+\frac{8}{35}=\frac{70+50+8}{35}=\frac{128}{35}$$

■

4 17 慶應大・環境情報「4」

コイン投げの結果に応じて賞金が得られるゲームを考える．このゲームの参加者は，表が出る確率が0.8であるコインを裏が出るまで投げ続ける．裏が出るまでに表が出た回数をiとするとき，この参加者の賞金額はi円となる．ただし，100回投げても裏が出ない場合は，そこでゲームは終わり，参加者の賞金額は100円となる．

(1) 参加者の賞金額が1円以下となる確率は［　　］である．

(2) 参加者の賞金額がc円以下となる確率が0.5以上となるような整数cの中で最も小さいものは［　　］である．

(3) 参加者の賞金額の期待値の小数点以下第2位を四捨五入すると［　　］である．

(1)　1回目または2回目に裏が出る確率であるから，

$$\frac{1}{5}+\frac{4}{5}\cdot\frac{1}{5}=\frac{9}{25}$$

(2)　(1) と同様に考えると，c 円以下になる確率は，

$$\frac{1}{5}+\frac{1}{5}\cdot\frac{4}{5}+\cdots\cdots+\frac{1}{5}\cdot\left(\frac{4}{5}\right)^{c}=\frac{\frac{1}{5}\left(1-\left(\frac{4}{5}\right)^{c+1}\right)}{1-\frac{4}{5}}=1-\left(\frac{4}{5}\right)^{c+1}$$

である．

※　余事象を利用しても良い．$c+1$ 円以上になる確率を考えると，

$$1-\left(\frac{4}{5}\right)^{c+1}$$

であることが直接的に分かる．

これが 0.5 以上になるのは $\left(\frac{4}{5}\right)^{c+1}\leqq\frac{1}{2}$ のときである．

$$\left(\frac{4}{5}\right)^{3}=\frac{64}{125}\geqq\frac{1}{2},\ \left(\frac{4}{5}\right)^{4}=\frac{256}{625}\leqq\frac{1}{2}$$

より，$c+1\geqq4$ である．最小の c は $c=3$ である．

(3)【確率変数の工夫】

確率変数 X_k $(k=1,\ 2,\ \cdots\cdots,\ 100)$ を，k 回目までずっと表であるとき 1，そうでないとき 0 と定める．

$$(\text{賞金額})=X_1+X_2+\cdots\cdots+X_{100}$$

$$E(X_k)=1\cdot\left(\frac{4}{5}\right)^{k}+0=\left(\frac{4}{5}\right)^{k}$$

$$\therefore\quad E(\text{賞金額})=E(X_1+X_2+\cdots\cdots+X_{100})$$

$$=E(X_1)+E(X_2)+\cdots\cdots+E(X_{100})$$

$$=\frac{4}{5}+\cdots\cdots+\left(\frac{4}{5}\right)^{100}=\frac{\frac{4}{5}\left(1-\left(\frac{4}{5}\right)^{100}\right)}{1-\frac{4}{5}}=4\left(1-\left(\frac{4}{5}\right)^{100}\right)$$

これの小数第 2 位を四捨五入する．おそらく答えは 4.0 である．

(2) で$\left(\frac{4}{5}\right)^4=\frac{256}{625}\leqq\frac{1}{2}$を確認している．これを用いて

$$4\left(\frac{4}{5}\right)^{100}\leqq 4\left(\frac{1}{2}\right)^{25}=\frac{1}{2^{23}}<\frac{1}{2^{20}}=\frac{1}{1024^2}<\frac{1}{1000000}$$

であるから，四捨五入すると，4.0 である．

■

※ (3) で確率変数の工夫をしないと，“$S-rS$”で計算することになる．やってみよう！

$$E(\text{賞金額})=\sum_{k=1}^{99}k\cdot\frac{1}{5}\left(\frac{4}{5}\right)^k+100\left(\frac{4}{5}\right)^{100}$$

である．$S=\sum_{k=1}^{99}k\cdot\frac{1}{5}\left(\frac{4}{5}\right)^k$ とおくと，

$$S=\frac{1}{5}\cdot\frac{4}{5}+\frac{2}{5}\cdot\left(\frac{4}{5}\right)^2+\cdots\cdots+\frac{99}{5}\cdot\left(\frac{4}{5}\right)^{99}$$

$$\frac{4}{5}S=\qquad\frac{1}{5}\cdot\left(\frac{4}{5}\right)^2+\frac{2}{5}\cdot\left(\frac{4}{5}\right)^3+\cdots\cdots+\frac{99}{5}\cdot\left(\frac{4}{5}\right)^{100}$$

である．辺々の差をとると

$$\frac{1}{5}S=\frac{1}{5}\cdot\frac{4}{5}+\frac{1}{5}\cdot\left(\frac{4}{5}\right)^2+\cdots\cdots+\frac{1}{5}\cdot\left(\frac{4}{5}\right)^{99}-\frac{99}{5}\cdot\left(\frac{4}{5}\right)^{100}$$

$$=\frac{\frac{1}{5}\cdot\frac{4}{5}\left(1-\left(\frac{4}{5}\right)^{99}\right)}{1-\frac{4}{5}}-\frac{99}{5}\cdot\left(\frac{4}{5}\right)^{100}$$

$$=\frac{4}{5}-\left(\frac{4}{5}\right)^{100}-\frac{99}{5}\cdot\left(\frac{4}{5}\right)^{100}$$

である．よって，期待値は

$$S+100\left(\frac{4}{5}\right)^{100}=5\left(\frac{4}{5}-\left(\frac{4}{5}\right)^{100}\right)-99\cdot\left(\frac{4}{5}\right)^{100}+100\left(\frac{4}{5}\right)^{100}$$
$$=4\left(1-\left(\frac{4}{5}\right)^{100}\right)$$

である.

1.2.1-③　確率変数の工夫による期待値の計算（応用）

ここまでの内容をさらに発展させ，本格的な入試問題での活用法を確認します．まずは復習問題から．

1　18 鹿児島大・前期「5」

1 個のサイコロを投げ，1 の目が出るまでこれを繰り返し行う．ただし，このサイコロ投げを繰り返す最大の回数は N 回とし $(N \geqq 2)$，N 回まで繰り返して 1 の目が出なければ，終了する．このサイコロ投げにおける繰り返し回数を X とする．このとき，次の各問いに答えよ．

(1)　確率 $P(X=k)$ を，$k<N$ と $k=N$ の場合に分けて求めよ．

(2)　X の期待値を求めよ．

解

(1)　$k=1$ となるのは 1 回目に 1 が出るときで，$P(X=1)=\frac{1}{6}$

$2 \leqq k<N$ のとき．$k-1$ 回目まで 1 が出ず，k 回目に 1 が出るときで，

$$P(X=k)=\frac{1}{6}\left(\frac{5}{6}\right)^{k-1}$$

である．$k=1$ のときもこれに含めることができる．

$k=N$ のとき．$N-1$ 回目まで 1 が出ないときであるから，

$$P(X=N)=\left(\frac{5}{6}\right)^{N-1}$$

(2)【確率変数の工夫】

確率変数 Y_k $(1 \leqq k \leqq N-1)$ を，k 回目まで 1 が出ないとき 1，そうでないとき 0 と定める．すると

$$X = 1 + Y_1 + \cdots\cdots + Y_{N-1}$$

$$E(Y_k) = 1 \cdot \left(\frac{5}{6}\right)^k + 0 = \left(\frac{5}{6}\right)^k$$

$$\therefore\ E(X) = E(1 + Y_1 + \cdots\cdots + Y_{N-1}) = 1 + E(Y_1) + \cdots\cdots + E(Y_{N-1})$$

$$= 1 + \frac{5}{6} + \cdots\cdots + \left(\frac{5}{6}\right)^{N-1} = \frac{1-\left(\frac{5}{6}\right)^N}{1-\frac{5}{6}} = 6\left(1-\left(\frac{5}{6}\right)^N\right)$$

■

※工夫しないなら，1.2.1-② [4] のように “$S-rS$” で計算することになる．

[2] 14 長岡技術科学大・前期「1」

以下の問いに答えなさい．

(1) n を自然数とする．それぞれに 1，10，100，……，10^{n-1} が書かれた n 枚のカードが袋の中に入っている．この袋から 1 枚のカードを取り出し，書かれた数を X とするとき，X の期待値を求めなさい．

(2) n を 2 以上の自然数とする．それぞれに 1，10，100，……，10^{n-1} が書かれた n 枚のカードが袋の中に入っている．この袋から同時に 2 枚のカードを取り出し，書かれた数の和を Y とするとき，Y の期待値を求めなさい．

解

(1)
$$E(X) = \frac{1+10+\cdots\cdots+10^{n-1}}{n} = \frac{10^n-1}{9n}$$

(2)【確率変数の工夫】

2枚を順に取り出しても，Yの期待値は変わらない．このとき，1枚目，2枚目に書かれた数をX_1，X_2とすると，Xと同じ確率分布だから

$$Y = X_1 + X_2$$

$$E(X_1) = E(X_2) = E(X) = \frac{10^n - 1}{9n}$$

$$\therefore \quad E(Y) = E(X_1 + X_2) = E(X_1) + E(X_2) = \frac{2(10^n - 1)}{9n}$$

■

③ 17 大分大・医「1」

同じ大きさと重さの白石と黒石がそれぞれm個とn個ある．これらの石からk個を無作為に抽出し，その中の白石の数をXとする．ただしm，n，kは自然数で$1 \leqq k < m$，$1 \leqq k < n$である．以下の問いに答えなさい．

(1) 整数iに対して$X = i$の確率$p(i,\ k \mid m,\ n)$を求めなさい．ただし，組合せの記号${}_q\mathrm{C}_r$を用いて結果を表現しなさい．

(2) $m = 4$，$n = 6$，$k = 3$のときのXの期待値を求めなさい．

(3) 一般のm，n，kに対してXの期待値を求めなさい．

解

(1) $0 \leqq i \leqq k$以外のときは0である．

$0 \leqq i \leqq k$のとき，$p(i,\ k \mid m,\ n)$は，$m + n$個からk個を取り出すとき，m個からi個，n個から$k - i$個を取り出す確率であるから，

$$p(i,\ k \mid m\ ,\ n) = \frac{{}_m\mathrm{C}_i \cdot {}_n\mathrm{C}_{k-i}}{{}_{m+n}\mathrm{C}_k}$$

(2)　X のとる値は 0，1，2，3

$$ {}_{10}\mathrm{C}_3=\frac{10\cdot 9\cdot 8}{1\cdot 2\cdot 3}=10\cdot 3\cdot 4 $$

であるから，期待値は

$$ \begin{aligned} E(X)&=\frac{1}{10\cdot 3\cdot 4}\sum_{i=0}^{3} i\,{}_4\mathrm{C}_i\cdot{}_6\mathrm{C}_{3-i}\\ &=\frac{1}{10\cdot 3\cdot 4}(0+1\cdot 4\cdot 15+2\cdot 6\cdot 6+3\cdot 4\cdot 1)\\ &=\frac{1}{10\cdot 3\cdot 4}(60+72+12)=\frac{5+6+1}{10}=\frac{6}{5} \end{aligned} $$

(3)【確率変数の工夫①】

m 個の白石に 1 ～ m の番号を付ける．確率変数 Y_i $(1\leqq i\leqq m)$ を，i 番目の白石が取り出されたら 1，そうでないなら 0 と定める．すると，

$$ X=Y_1+\cdots\cdots+Y_m $$

$$ E(Y_i)=1\cdot\frac{{}_{m+n-1}\mathrm{C}_{k-1}}{{}_{m+n}\mathrm{C}_k}+0=\frac{k}{m+n} $$

$$ \therefore\quad E(X)=E(Y_1+\cdots\cdots+Y_m)=E(Y_1)+\cdots\cdots+E(Y_m)=\frac{mk}{m+n} $$

これが (3) の $E(X)$ で，$m=4$，$n=6$，$k=3$ を代入すると (2) の

$$ E(X)=\frac{4\cdot 3}{4+6}=\frac{6}{5} $$

＜(3) の**別解**＞【確率変数の工夫②】

試行を「選ぶ」ではなく「選んで一列に並べる」にしても，k 個に含まれる白石の個数の期待値は同じである．

確率変数 Z_i $(1\leqq i\leqq k)$ を，i 番目に白石が並ぶと 1，そうでないと 0 で定める．すると，

$$X=Z_1+\cdots\cdots+Z_k$$

$$E(Z_i)=1\cdot\frac{m}{m+n}+0=\frac{m}{m+n}$$

$$\therefore\ E(X)=E(Z_1+\cdots\cdots+Z_k)=E(Z_1)+\cdots\cdots+E(Z_k)=\frac{mk}{m+n}$$

■

4 15鹿児島大・前期「7」

整数$n(n\geqq 4)$に対し，2枚のコインを同時に投げる試行を繰り返し，2枚とも表が出るか，またはn回繰り返した時点で試行を終了するときの試行の回数をX_nとする．確率変数X_nについて，次の各問いに答えよ．

(1) $n-1$以下の自然数kに対して，確率$P(X_n=k)$を求めよ．また，確率$P(X_n>3)$を求めよ．

(2) 確率$P(X_n=n)$をnを用いて表せ．

(3) X_nの平均をE_nとかくとき，$E_{n+1}-E_n$を求めよ．

解

各回の試行で2枚とも表が出る確率，そうでない確率は$\frac{1}{4}$，$\frac{3}{4}$である

(1) $k\leqq n-1$であるから，$P(X_n=k)$はk回目に初めて2枚とも表となる確率で，

$$P(X_n=k)=\frac{1}{4}\left(\frac{3}{4}\right)^{k-1}$$

$P(X_n>3)$は3回目までに終わらない確率であるから，

$$P(X_n>3)=\left(\frac{3}{4}\right)^3=\frac{27}{64}$$

(2) $P(X_n=n)$は$n-1$回目までに終わらない確率であるから，

$$P(X_n=n)=\left(\frac{3}{4}\right)^{n-1}$$

(3)　(1)，(2) より，

$$\left(\frac{3}{4}\right)^{n-1}=\left(\frac{1}{4}+\frac{3}{4}\right)\left(\frac{3}{4}\right)^{n-1}$$

$$E_n=\sum_{k=1}^{n-1}k\frac{1}{4}\left(\frac{3}{4}\right)^{k-1}+n\left(\frac{3}{4}\right)^{n-1}=\sum_{k=1}^{n}k\frac{1}{4}\left(\frac{3}{4}\right)^{k-1}+n\left(\frac{3}{4}\right)^{n}$$

である．E_{n+1} は前者の形，E_n は後者の形で差をとると，

$$\begin{aligned}&E_{n+1}-E_n\\&=\left(\sum_{k=1}^{n}k\frac{1}{4}\left(\frac{3}{4}\right)^{k-1}+(n+1)\left(\frac{3}{4}\right)^{n}\right)-\left(\sum_{k=1}^{n}k\frac{1}{4}\left(\frac{3}{4}\right)^{k-1}+n\left(\frac{3}{4}\right)^{n}\right)\\&=\left(\frac{3}{4}\right)^{n}\end{aligned}$$

■

※ E_n を求めないのがポイント！求めるとしても工夫しよう！

別解【確率変数の工夫】

自然数 k に対し，確率変数 Y_k を，k 回目まで「2 枚とも表」が起こらないとき 1，そうでないとき 0 と定める．

$$X_n=1+Y_1+Y_2+\cdots\cdots+Y_{n-1}$$

$$E(Y_k)=1\cdot\left(\frac{3}{4}\right)^{k}+0=\left(\frac{3}{4}\right)^{k}$$

$$\begin{aligned}\therefore\quad E_n&=E(1+Y_1+\cdots\cdots+Y_{n-1})=1+E(Y_1)+\cdots\cdots+E(Y_{n-1})\\&=1+\frac{3}{4}+\cdots\cdots+\left(\frac{3}{4}\right)^{n-1}=\frac{1-\left(\frac{3}{4}\right)^{n}}{1-\frac{3}{4}}=4\left(1-\left(\frac{3}{4}\right)^{n}\right)\end{aligned}$$

これで $E_{n+1}-E_n$ を求めることができる．

（以下省略）

■

1.2.1-④　確率変数の工夫による分散の計算

$V(X)=E(X^2)-\{E(X)\}^2$ だから，分散の計算でも確率変数の工夫を利用できます．しかし，X^2 は $X \cdot X$ で，「確率変数の積」が現れます．独立とは限らないので，計算は大変になります．

次項では「独立」の場合を扱いますが，今回は，独立ではない状況です．非常に煩雑になりますが，「やってはならないこと」を知るために，キッチリ理解しておきたい内容だと思います．

1 17 昭和大・医 -1 期「7」(2)

白球 5 球，黒球 2 球が入っている袋から，同時に 4 球を取り出し，その中に含まれる白球の個数を X とする．

(1) X の平均値（期待値）を求めよ．

(2) X の分散を求めよ．

解【確率変数の工夫①】

(1) 白球に 1 ～ 5 の番号を付ける．確率変数 Y_k ($k=1$, ……, 5) を，k 番目の白球が取り出されるとき 1，そうでないとき 0 と定める．

$$X=Y_1+\cdots\cdots+Y_5$$

$$E(Y_k)=1\cdot\frac{{}_6\mathrm{C}_3}{{}_7\mathrm{C}_4}+0=\frac{4}{7}$$

$$\therefore\ E(X)=E(Y_1+\cdots\cdots+Y_5)=E(Y_1)+\cdots\cdots+E(Y_5)=\frac{20}{7}$$

(2) Y_1, ……, Y_5 は独立ではない．

$$V(X)=E(X^2)-\{E(X)\}^2$$

$$E(X^2)=E(Y_1{}^2+\cdots\cdots+Y_5{}^2+2(Y_1Y_2+\cdots\cdots+Y_4Y_5))$$

$$=5E(Y_1{}^2)+20E(Y_1Y_2)$$

$Y_1{}^2 = Y_1$ であるから，$E(Y_1{}^2) = E(Y_1)$

$Y_1 Y_2$ は 1，2 番が両方取り出されるとき 1，そうでないとき 0 となる確率変数であるから，

$$E(Y_1 Y_2) = 1 \cdot \frac{{}_5\mathrm{C}_2}{{}_7\mathrm{C}_4} + 0 = \frac{2}{7}$$

よって，

$$E(X^2) = 5 \cdot \frac{4}{7} + 20 \cdot \frac{2}{7} = \frac{60}{7}$$

$$V(X) = \frac{60}{7} - \frac{400}{49} = \frac{20}{49}$$

■

別解【確率変数の工夫②】

「選ぶ」でなく「選んで一列に並べる」としても X は変わらないから，こちらで考える．

(1) 確率変数 Z_k $(k=1, \cdots\cdots, 4)$ を，k 番目に白球が並ぶとき 1，そうでないとき 0 と定める．

$$X = Z_1 + \cdots\cdots + Z_4$$

$$E(Z_k) = 1 \cdot \frac{5}{7} + 0 = \frac{5}{7}$$

$$\therefore \quad E(X) = E(Z_1 + \cdots\cdots + Z_4) = E(Z_1) + \cdots\cdots + E(Z_4) = \frac{20}{7}$$

(2) $Z_1, \cdots\cdots, Z_4$ は独立ではない．

$$V(X) = E(X^2) - \{E(X)\}^2$$

$$E(X^2) = E(Z_1{}^2 + \cdots\cdots + Z_4{}^2 + 2(Z_1 Z_2 + \cdots\cdots + Z_3 Z_4))$$

$$= 4E(Z_1{}^2) + 12E(Z_1 Z_2)$$

$Z_1{}^2 = Z_1$ であるから，$E(Z_1{}^2) = E(Z_1)$

Z_1Z_2 は 1，2 番目に白球が並ぶとき 1，そうでないとき 0 となる確率変数であるから，

$$E(Z_1Z_2)=1\cdot\frac{5\cdot4}{7\cdot6}+0=\frac{10}{21}$$

よって，

$$E(X^2)=4\cdot\frac{5}{7}+12\cdot\frac{10}{21}=\frac{60}{7}$$
$$V(X)=\frac{60}{7}-\frac{400}{49}=\frac{20}{49}$$

■

※工夫にこだわって解答作成したが，これくらいの問題ならこだわらない方が早い．

別解

組合せの総数は ${}_7\mathrm{C}_4=35$ 通りで，$X=2$，3，4 となる組合せは，順に

$${}_5\mathrm{C}_2\cdot{}_2\mathrm{C}_2=10,\ {}_5\mathrm{C}_3\cdot{}_2\mathrm{C}_1=20,\ {}_5\mathrm{C}_4=5$$

X の分布表は次の通り．

X	2	3	4	計
P	$\frac{2}{7}$	$\frac{4}{7}$	$\frac{1}{7}$	1

期待値と分散は

$$E(X)=2\cdot\frac{2}{7}+3\cdot\frac{4}{7}+4\cdot\frac{1}{7}=\frac{20}{7}$$
$$E(X^2)=2^2\cdot\frac{2}{7}+3^2\cdot\frac{4}{7}+4^2\cdot\frac{1}{7}=\frac{60}{7}$$
$$V(X)=E(X^2)-\{E(X)\}^2=\frac{60}{7}-\left(\frac{20}{7}\right)^2=\frac{20}{49}$$

■

② 13鹿児島大・前期「7」

0，1，2，3，4の数字が1つずつ記入された5枚のカードがある．この5枚のカードの中から1枚引き，数字を記録して戻すという作業を3回繰り返す．ただし，3回ともどのカードを引く確率も等しいとする．記録した3つのカード数字の最小値をXとするとき，次の各問いに答えよ．

(1)　$k=0，1，2，3，4$に対して確率$P(X \geqq k)$を求めよ．

(2)　確率変数Xの確率分布を表で表せ．

(3)　確率変数Xの平均(期待値)$E(X)$を求めよ．

(4)　確率変数Xの分散$V(X)$を求めよ．

(1)　$X \geqq k$となるのは，k以上の数のカードのみを引くときである．

$$P(X \geqq 0)=1,\ P(X \geqq 1)=\left(\frac{4}{5}\right)^3=\frac{64}{125},$$
$$P(X \geqq 2)=\left(\frac{3}{5}\right)^3=\frac{27}{125},\ P(X \geqq 3)=\left(\frac{2}{5}\right)^3=\frac{8}{125},$$
$$P(X \geqq 4)=\left(\frac{1}{5}\right)^3=\frac{1}{125}$$

(2)　$k \leqq 3$のとき$P(X=k)=P(X \geqq k)-P(X \geqq k+1)$で，$P(X=4)=P(X \geqq 4)$であるから，

$$P(X=0)=1-\frac{64}{125}=\frac{61}{125},\ P(X=1)=\frac{64}{125}-\frac{27}{125}=\frac{37}{125},$$
$$P(X=2)=\frac{27}{125}-\frac{8}{125}=\frac{19}{125},$$
$$P(X=3)=\frac{8}{125}-\frac{1}{125}=\frac{7}{125},\ P(X=4)=\frac{1}{125}$$

X	0	1	2	3	4	計
P	$\frac{61}{125}$	$\frac{37}{125}$	$\frac{19}{125}$	$\frac{7}{125}$	$\frac{1}{125}$	1

(3)　(2) より，

$$E(X)=0+1\cdot\frac{37}{125}+2\cdot\frac{19}{125}+3\cdot\frac{7}{125}+4\cdot\frac{1}{125}=\frac{100}{125}=\frac{4}{5}$$

(4)　$E(X^2)$ を利用する．

$$E(X^2)=0+1\cdot\frac{37}{125}+4\cdot\frac{19}{125}+9\cdot\frac{7}{125}+16\cdot\frac{1}{125}=\frac{192}{125}$$

であるから，分散は

$$V(X)=E(X^2)-\{E(X)\}^2=\frac{192}{125}-\left(\frac{4}{5}\right)^2=\frac{112}{125}$$

■

別解【確率変数・計算の工夫】

(3)　確率変数 X_k $(k=1,\ 2,\ 3,\ 4)$ を，k 以上の数のカードのみ引くとき 1，そうでないとき 0 と定める．

$$X=X_1+\cdots\cdots+X_4$$

$$E(X_k)=1\cdot P(X\geqq k)+0=P(X\geqq k)$$

$$\therefore\quad E(X)=E(X_1+\cdots\cdots+X_4)=E(X_1)+\cdots\cdots+E(X_4)$$

$$=P(X\geqq 1)+\cdots\cdots+P(X\geqq 4)$$

$$=\frac{64}{125}+\frac{27}{125}+\frac{8}{125}+\frac{1}{125}=\frac{100}{125}=\frac{4}{5}$$

(4)　$E(X^2)$ を利用する．ここで，

$$X_k{}^2=X_k,\ \ X_kX_l=X_l\ (k<l)$$

に注意する．

$$E(X^2)=E(\{X_1+\cdots\cdots+X_4\}^2)$$

$$=E(X_1{}^2+\cdots\cdots+X_4{}^2+2(X_1X_2+\cdots\cdots+X_3X_4))$$

$$=E(X_1+X_2+X_3+X_4+2(X_2+X_3+X_3+X_4+X_4+X_4))$$

$$=E(X_1)+3E(X_2)+5E(X_3)+7E(X_4)$$

$$=\frac{64}{125}+3\cdot\frac{27}{125}+5\cdot\frac{8}{125}+7\cdot\frac{1}{125}=\frac{192}{125}$$

であるから，分散は

$$V(X)=E(X^2)-\{E(X)\}^2=\frac{192}{125}-\left(\frac{4}{5}\right)^2=\frac{112}{125}$$

■

※策士策に溺れた解法になってしまった…

1.2.2　独立性

試行の独立，事象の独立，確率変数の独立という3つの「独立」の概念の違いを理解しておこう．独立な確率変数であれば,「積の期待値」と「期待値の積」が一致し，「和の分散」が「分散の和」と一致する．「k 倍の分散」が「分散の k^2 倍」と一致する法則は, 1つの確率変数に関するもので，常に成り立つ．X，Y が独立のとき，実数 s，t に対して

$$V(sX+tY)=s^2V(X)+t^2V(Y)$$

が成り立つ．

1 16鹿児島大・前期「5」(3)

2つの事象 A, B について，A と B が独立なら $\overline{A}$ と B も独立であることを示せ．ただし $\overline{A}$ は A の余事象を表す．

事象 A，B が独立だから，

$$P(A\text{ かつ }B)=P(A)P(B)\quad\cdots\cdots①$$

$\overline{A}$, B が独立であるとは,

$$P(\overline{A} \text{ かつ } B) = P(\overline{A})P(B) \quad \cdots\cdots ②$$

であるから, これを示す.

一般に

$$P(A \text{ かつ } B) + P(\overline{A} \text{ かつ } B) = P(B)$$

$$P(A)P(B) + P(\overline{A})P(B) = (P(A) + P(\overline{A}))P(B) = P(B)$$

$$\therefore \quad P(A \text{ かつ } B) + P(\overline{A} \text{ かつ } B) = P(A)P(B) + P(\overline{A})P(B) \quad \cdots\cdots ③$$

が成り立つ. ③に①を代入すると②が従う.

■

2 12滋賀医科大・前期「4」

赤色, 青色, 黄色の箱を各一箱, 赤色, 青色, 黄色の球を各一個用意して, 各球を球と同じ色の箱に入れる. この状態からはじめて, 次の操作を n 回 $(n \geqq 1)$ 行う.

(操作) 三つの箱から二つの箱を任意に選び, その二つの箱の中の球を交換する.

(1) 赤色の球が赤色の箱に入っている確率を求めよ.

(2) 箱とその中の球の色が一致している箱の個数の期待値を求めよ.

(3) 赤色の球が赤色の箱に入っている事象と, 青色の球が青色の箱に入っている事象は, 互いに独立かどうか, 理由を付けて答えよ.

解

(1) 各回の操作で赤の箱が選ばれる確率は $\dfrac{{}_2\mathrm{C}_1}{{}_3\mathrm{C}_2} = \dfrac{2}{3}$ である. この半分が「赤と青の箱」が選ばれる確率,「赤と黄の箱」が選ばれる確率である.

求める確率を p_n とおく．

p_1 は1回目に赤の箱が選ばれない確率であるから，$p_1=\frac{1}{3}$．

$k+1$ 回目の操作の後に赤の球が赤の箱に入っているのは，

・k 回目の操作後に赤の球が赤の箱に入っていて，$k+1$ 回目の操作で赤の箱が選ばれない

・k 回目の操作後に赤の球が赤以外の箱に入っていて，$k+1$ 回目の操作でその箱と赤の箱が選ばれる

の2つの場合があるから，

$$p_{k+1}=\frac{1}{3}\cdot p_k+\frac{1}{3}(1-p_k)=\frac{1}{3}$$

よって，すべての k で $p_k=\frac{1}{3}$ であり，$p_n=\frac{1}{3}$

(2)【確率変数の工夫】

確率変数 X_A（$A=$ 赤，青，黄）を A の箱に A の球が入っているとき1，そうでないとき0と定める．

$$(\text{箱の個数})=X_{\text{赤}}+X_{\text{青}}+X_{\text{黄}}$$

$$E(X_A)=1\cdot\frac{1}{3}+0=\frac{1}{3}$$

$$\therefore\quad E(\text{箱の個数})=E(X_{\text{赤}}+X_{\text{青}}+X_{\text{黄}})$$

$$=E(X_{\text{赤}})+E(X_{\text{青}})+E(X_{\text{黄}})=\frac{1}{3}+\frac{1}{3}+\frac{1}{3}=1$$

(3)　n 回目の操作後，青の箱に青の球が入っている確率は，(1) より $\frac{1}{3}$．

n を固定する．n 回目の操作後，「赤の箱に赤の球，かつ，青の箱に青の球がある」確率が，確率の“積”と一致するか考える．つまり，

$$(\text{確率の“積”})=\frac{1}{3}\cdot\frac{1}{3}=\frac{1}{9}$$

と一致すれば，「独立」である．そうでないなら，独立ではない．

「赤の箱に赤の球，かつ，青の箱に青の球がある」とき，黄の箱にも黄の球がある．

各回の操作後の (揃っている個数，揃っていない個数) の組は

$(3,\ 0) \to (1,\ 2) \to (3,\ 0),\ (0,\ 3) \to (1,\ 2) \to \cdots\cdots$

開始時　1回後　2回後　3回後

と繰り返される．

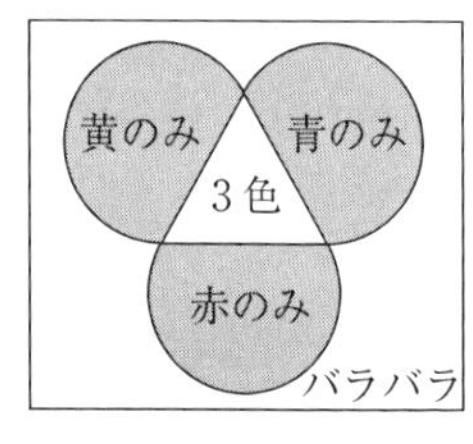

奇数回後は，各色について，その色だけが揃っている確率が$\dfrac{1}{3}$で，3つ揃うことも，バラバラであることもない．3つ揃う確率は0で，“積” $\dfrac{1}{9}$ではない．

偶数回後は，3つとも揃っているか，バラバラであるかのいずれかで，確率は順に$\dfrac{1}{3}$，$\dfrac{2}{3}$である．3つ揃う確率は“積” $\dfrac{1}{9}$ではない．

よって，どんなnでも，独立ではない．

■

3 11鹿児島大・前期「7」

大小2個のさいころを同時に投げる試行を考える．この試行で，大きいさいころの出た目をX，小さいさいころの出た目をYとする．$T=2X-Y$とするとき，次の各問いに答えよ．

(1) 確率$P(T=6)$，$P(T \geqq 0)$を求めよ．

(2) 分散$V(X)$，平均$E(T)$を求めよ．

(3) $V(aT)=25$となる定数aの値を求めよ．

解

(1)　$2X-Y=6$ のとき，Y は偶数で，適する組は

$$(X,\ Y)=(4,\ 2),\ (5,\ 4),\ (6,\ 6)$$

である．よって，

$$P(T=6)=\frac{3}{36}=\frac{1}{12}$$

$2X \geqq Y$ となるのは，$X=1$ のとき $Y=1$，2 の 2 つ，$X=2$ のとき $1 \leqq Y \leqq 4$ の 4 つ，$X \geqq 3$ のとき $1 \leqq Y \leqq 6$ の 6 つある．よって，

$$P(T \geqq 0)=\frac{2+4+4 \cdot 6}{36}=\frac{5}{6}$$

※ $P(T \geqq 0)$ では，余事象を考えても良い．

(2)

$$E(X)=\frac{1}{6} \cdot \sum_{k=1}^{6} k=\frac{1}{6} \cdot \frac{6 \cdot 7}{2}=\frac{7}{2}$$

$$E(X^2)=\frac{1}{6} \cdot \sum_{k=1}^{6} k^2=\frac{1}{6} \cdot \frac{6 \cdot 7 \cdot 13}{6}=\frac{7 \cdot 13}{6}$$

$$\therefore\quad V(X)=E(X^2)-\{E(X)\}^2=\frac{7 \cdot 13}{6}-\left(\frac{7}{2}\right)^2=\frac{7(26-21)}{12}=\frac{35}{12}$$

$E(Y)=E(X)$ であるから，

$$E(T)=E(2X-Y)=2E(X)-E(Y)=E(X)=\frac{7}{2}$$

(3)　X，Y は独立で，$V(Y)=V(X)$ である．

$$V(aT)=a^2V(2X-Y)=a^2(2^2V(X)+(-1)^2V(Y))$$

$$=5a^2V(X)=\frac{5 \cdot 35}{12}a^2$$

これが 25 となるとき，

$$\frac{5 \cdot 35}{12}a^2=25$$

$$a^2=\frac{12}{7}\quad \therefore\quad a=\pm\sqrt{\frac{12}{7}}=\pm\frac{2\sqrt{21}}{7}$$

■

④ 14鹿児島大・理系・前期「7」・改

$X\backslash Y$	2	4	計
1			a
2			
計	b		1

2つの確率変数X, Yの確率分布を同時に考えた表（同時確率分布表）が図のように与えられている．ただし，X, Yは互いに独立であり，$0<a<1$, $0<b<1$とする．このとき，次の各問いに答えよ．

(1) 表を完成させよ．

(2) 確率変数$W=X-Y$の平均$E(W)$を求めよ．

(3) 確率変数$Z=\dfrac{Y}{X}$の平均$E(Z)$を求めよ．

(4) $E(Z)=\dfrac{9}{4}$, $E(W)=-\dfrac{3}{2}$となる場合に，Zの分散$V(Z)$を求めよ．

解

(1) 余事象の確率を考えて，計の空欄は埋まる．独立であるから，「"かつ"の確率」が「確率の"積"」と一致し，残りの空欄もすべて埋まる．例えば，

$$P(X=1)=a,\ P(Y=2)=b \quad \therefore \quad P(X=1,\ Y=2)=ab$$

$X\backslash Y$	2	4	計
1	ab	$a(1-b)$	a
2	$(1-a)b$	$(1-a)(1-b)$	$1-a$
計	b	$1-b$	1

(2) 分布表から

$$E(X)=1\cdot a+2\cdot(1-a)=-a+2$$

$$E(Y)=2\cdot b+4\cdot(1-b)=-2b+4$$

$$\therefore \quad E(W)=E(X-Y)=E(X)-E(Y)=-a+2b-2$$

(3) X, Yが独立であるから，$\dfrac{1}{X}$, Yも独立である．

$$E\left(\frac{1}{X}\right)=\frac{1}{1}\cdot a+\frac{1}{2}\cdot(1-a)=\frac{a+1}{2}$$

$$\therefore\quad E(Z)=E\left(\frac{1}{X}\cdot Y\right)=E\left(\frac{1}{X}\right)\cdot E(Y)=\frac{a+1}{2}(-2b+4)$$
$$=(a+1)(-b+2)$$

(4)　$E(Z)=\frac{9}{4}$，$E(W)=-\frac{3}{2}$ のとき，

$$(a+1)(-b+2)=\frac{9}{4},\ -a+2b-2=-\frac{3}{2}$$

2つ目の式から $a+1=2b+\frac{1}{2}$ で，これを1つ目の式に代入して

$$\left(2b+\frac{1}{2}\right)(-b+2)=\frac{9}{4}$$
$$8b^2-14b+5=0$$
$$(2b-1)(4b-5)=0\quad\therefore\quad b=\frac{1}{2}$$

である．$a=\frac{1}{2}$ も分かる．

$$V(Z)=E(Z^2)-\{E(Z)\}^2$$

と独立性を利用する（積の分散を計算できる公式は無い！）．

$$Z^2=\frac{1}{X^2}\cdot Y^2$$
$$E\left(\frac{1}{X^2}\right)=1\cdot\frac{1}{2}+\frac{1}{4}\cdot\frac{1}{2}=\frac{5}{8},\ E(Y^2)=4\cdot\frac{1}{2}+16\cdot\frac{1}{2}=10$$
$$\therefore\quad E(Z^2)=E\left(\frac{1}{X^2}\right)E(Y^2)=\frac{5}{8}\cdot 10=\frac{25}{4}$$

であるから，分散は

$$V(Z)=\frac{25}{4}-\left(\frac{9}{4}\right)^2=\frac{19}{16}$$

■

1.2.3　二項分布

同じ作業を繰り返す「復元抽出」であることが重要です．各回の試行が独立だから，期待値や分散の計算は楽です．

k 回目に「A が起きると 1，そうでないと 0」という確率変数 X_k を定めておくと，n 回中 A が起きる回数 X を

$$X = X_1 + X_2 + \cdots\cdots + X_n$$

と表すことができます．

A が起きる確率が p であるとき，

$$E(X_k) = 1 \cdot p + 0 \cdot (1-p) = p$$

$$\therefore \quad E(X) = E(X_1) + E(X_2) + \cdots\cdots + E(X_n) = np$$

となります．

$X_k = 1$ または 0 だから，$X_k{}^2 = X_k$ です．だから，

$$V(X_k) = E(X_k{}^2) - \{E(X_k)\}^2 = p - p^2 = p(1-p)$$

となります．さらに，各 X_k は独立 (復元抽出の性質) だから，

$$V(X) = V(X_1) + V(X_2) + \cdots\cdots + V(X_n) = np(1-p)$$

となります．

X を n で割ったものが標本平均 $\overline{X} = \dfrac{X_1 + X_2 + \cdots\cdots + X_n}{n}$ です．

$$E(\overline{X}) = \frac{E(X)}{n} = p$$

$$\begin{aligned} V(\overline{X}) &= V\left(\frac{1}{n}X_1 + \cdots\cdots + \frac{1}{n}X_n\right) \\ &= \frac{1}{n^2}V(X_1) + \cdots\cdots + \frac{1}{n^2}V(X_n) \\ &= \frac{1}{n^2}V(X_1) \times n \\ &= \frac{p(1-p)}{n} \end{aligned}$$

$$\sigma(\overline{X}) = \sqrt{\frac{p(1-p)}{n}}$$

分散，標準偏差が簡単に分かることが重要です．公式として覚えても良いですが，導くくらいの方が忘れることもなく，安心できます．

□1 14鹿児島大・前期「8」（1）

数字1が書かれた玉 a 個 $(a \geqq 1)$ と，数字2が書かれた玉1個がある．これら $a+1$ 個の玉を母集団として，玉に書かれている数字を変量とする．このとき，この母集団から復元抽出によって大きさ3の無作為標本を抽出し，その玉の数字を取り出した順に X_1，X_2，X_3 とする．標本平均 $\overline{X}=\dfrac{X_1+X_2+X_3}{3}$ の平均 $E(\overline{X})$ が $\dfrac{3}{2}$ であるとき，$\overline{X}$ の確率分布とその分散 $V(\overline{X})$ を求めよ．ただし，復元抽出とは，母集団の中から標本を抽出するのに，毎回もとに戻してから次のものを1個取り出す抽出法である．

解

$k=1,\ 2,\ 3$ について

$$E(X_k)=1\cdot\frac{a}{a+1}+2\cdot\frac{1}{a+1}=\frac{a+2}{a+1}$$

であるから，

$$E(\overline{X})=E\left(\frac{X_1+X_2+X_3}{3}\right)$$
$$=\frac{E(X_1)+E(X_2)+E(X_3)}{3}=\frac{a+2}{a+1}$$

これが $\dfrac{3}{2}$ であるから，$a=1$ である．

各回の作業で1，2が等確率で出るから，$\overline{X}$ の確率分布は

$\overline{X}$	1	$\frac{4}{3}$	$\frac{5}{3}$	2	計
P	$\frac{1}{8}$	$\frac{3}{8}$	$\frac{3}{8}$	$\frac{1}{8}$	1

よって，分散は

$$V(\overline{X})=E(\overline{X}^2)-\{E(\overline{X})\}^2$$
$$=\left(1\cdot\frac{1}{8}+\frac{16}{9}\cdot\frac{3}{8}+\frac{25}{9}\cdot\frac{3}{8}+4\cdot\frac{1}{8}\right)-\left(\frac{3}{2}\right)^2=\frac{7}{3}-\frac{9}{4}=\frac{1}{12}$$

■

別解【独立性の利用】

X_1，X_2，X_3 は独立である．$k=1$，2，3 について

$$E(X_k)=\frac{3}{2}$$
$$V(X_k)=\left(1-\frac{3}{2}\right)^2\cdot\frac{1}{2}+\left(2-\frac{3}{2}\right)^2\cdot\frac{1}{2}=\frac{1}{4}$$

であるから，

$$V(\overline{X})=V\left(\frac{X_1+X_2+X_3}{3}\right)=\frac{V(X_1)}{9}+\frac{V(X_2)}{9}+\frac{V(X_3)}{9}=\frac{1}{12}$$

■

別解【二項分布の利用】

$Y_k=X_k-1$ $(k=1,\ 2,\ 3)$ とする．これは，k 回目に 2 の玉が出たら 1，そうでないと 0 という確率変数である．

$$E(Y_k)=E(X_k)-1=\frac{1}{2}$$

で，これは 2 の玉を取り出す確率と等しい．よって，$a=1$ である．

分散は

$$V(Y_k)=\frac{1}{2}\left(1-\frac{1}{2}\right)=\frac{1}{4}$$

で，$V(X_k)$ はこれと等しい．

$$V(\overline{X})=V\left(\frac{X_1+X_2+X_3}{3}\right)=\frac{V(X_1)}{9}+\frac{V(X_2)}{9}+\frac{V(X_3)}{9}=\frac{1}{12}$$

■

2 06 東北大・前期・理系「3」改

ある商店街が次のようなくじを計画した．商店街の各商店は1000円の買い物ごとに1枚の抽選券を客に配布し，また，配布した抽選券1枚につき手数料35円をくじを管理する組合に拠出する．客は抽選券の枚数と同じ回数のくじを引くことができる．くじは500個の球の入った袋をよくかきまぜて1個を取り出す方式で行われ，500個の球のうち1個だけが当たりとし，取り出された球はそのつど袋に戻すことにする．そして，当たり球が出たならば1万円相当の景品がもらえ，外れたならば景品は無いことにする．以下の問いに答えよ．

(1) 10枚の抽選券を使ってくじを引く人がもらえる景品の相当額の期待値を求めよ．

(2) くじに要する経費は，抽選券の配布枚数に関係のない管理運営費30万円と景品代との合計であるとする．くじ管理組合に拠出されたお金でくじに要する経費の期待値がまかなえるためには，商店街全体としての商品売り上げ目標をいくら以上にすればよいか．

解

(1) 各回で当たる確率は等しいから，二項分布である．1回につき

$$10000\cdot\frac{1}{500}+0=20\text{ 円}$$

であるから，10回分の期待値は，和を考えて $20\cdot10=200$ 円である．

(2) くじを n 枚配布するとき，拠出される金額は，$35n$ である．

景品の相当額の期待値は，(1)の n 回分だから，$20n$ である．経費は $20n+300000$ である．

まかなえる条件は

$$35n \geqq 20n + 300000 \quad \therefore \quad n \geqq 20000$$

よって，目標金額は 20000・1000＝20000000 円 (二千万円)

■

※買い物が必ず 1000 円単位であればこれで良いが，実際には 999 円以下の端数が出ることもある．20000 枚 (二万枚) を確実に配布するには，

$$20000 \cdot 1999 = 39980000 \text{ 円}$$

となる．端数の平均が 500 円と仮定して

$$20000 \cdot 1500 = 30000000 \text{ 円}$$

と考えることもできる．どれを目標金額にするか…

入試当日に，二千万円と自信をもって答えるのは難しい…

1.2.4 確率密度関数

連続的な値をとる確率変数の分布曲線を表す関数が確率密度関数で，以下を満たすことが条件です：

1) $f(x) \geqq 0$

2) $P(a \leqq X \leqq b) = \int_a^b f(x)dx$

3) $\int_\alpha^\beta f(x)dx = 1$

ただし，X のとる値の範囲が $\alpha \leqq X \leqq \beta$ で，a，b は $\alpha \leqq a \leqq b \leqq \beta$ を満たすものとします ($\alpha = -\infty$ や $\beta = \infty$ も認めます)．

このとき，期待値，分散は

$$E(X) = \int_\alpha^\beta x f(x)dx$$

$$V(X) = \int_\alpha^\beta (x-m)^2 f(x)dx \quad (m = E(X))$$

1 オリジナル

$f(x)$ $(a \leqq x \leqq b)$ が確率変数 X の確率密度関数になるという．

$$E(X)=\int_a^b xf(x)dx,\ V(X)=\int_a^b (x-m)^2 f(x)dx$$

である．ただし，$m=E(X)$ である．連続型確率変数でも

$$V(X)=E(X^2)-\{E(X)\}^2$$

が成り立つことを示せ．

解

$$V(X)=\int_a^b (x-m)^2 f(x)dx$$
$$=\int_a^b x^2 f(x)dx-2m\int_a^b xf(x)dx+m^2\int_a^b f(x)dx$$

において

$$\int_a^b x^2 f(x)dx=E(X^2),\ \int_a^b xf(x)dx=m,\ \int_a^b f(x)dx=1$$

であるから，

$$V(X)=E(X^2)-2m^2+m^2=E(X^2)-\{E(X)\}^2$$

が成り立つ．

■

2 16鹿児島大・前期「5」（2）

確率変数 X の確率密度関数が $f(x)=\dfrac{2}{25}x$ $(0 \leqq x \leqq 5)$ で与えられているとき，X の期待値 $E(X)$ と分散 $V(X)$ を求めよ．

解

$$E(X)=\int_0^5 xf(x)dx=\int_0^5 \frac{2x^2}{25}dx=\left[\frac{2x^3}{75}\right]_0^5=\frac{10}{3}$$

$$V(X)=\int_0^5 x^2 f(x)dx-\left(\frac{10}{3}\right)^2=\int_0^5 \frac{2x^3}{25}dx-\frac{100}{9}$$

$$=\left[\frac{x^4}{50}\right]_0^5-\frac{100}{9}=\frac{25}{2}-\frac{100}{9}=\frac{25}{18}$$

■

③ オリジナル

$f(x)=ax(2-x)$ $(0 \leqq x \leqq 2)$ が確率変数 X の確率密度関数になるという．

(1) a の値を求めよ．

(2) $E(X)$，$V(X)$ を求めよ．

解

(1) $a>0$ である．

$$\int_0^2 ax(2-x)dx=\frac{a}{6}(2-0)^3=\frac{4a}{3}$$

で，これが 1 だから

$$\frac{4a}{3}=1 \quad \therefore \quad a=\frac{3}{4}$$

(2)

$$E(X)=\int_0^2 xf(x)dx=\frac{3}{4}\int_0^2 x^2(2-x)dx=\frac{3}{4}\left[\frac{2x^3}{3}-\frac{x^4}{4}\right]_0^2=1$$

$$V(X)=\int_0^2 x^2 f(x)dx-1^2=\frac{3}{4}\int_0^2 x^3(2-x)dx-1$$

$$=\frac{3}{4}\left[\frac{x^4}{2}-\frac{x^5}{5}\right]_0^2-1=\frac{1}{5}$$

■

※確率密度関数 (2 次関数) の対称性から，$E(X)=1$ は，軸の $x=1$ と一致する．

④ 07 鹿児島大・前期「8」（2）

確率変数 X のとる値 x の範囲が $0 \leqq x \leqq 2$ で，その確率密度関数 $f(x)$ が次の式で与えられている．

$$f(x)=k-|x-1|$$

(1) k の値を求めよ．

(2) X の平均と標準偏差を求めよ．

解

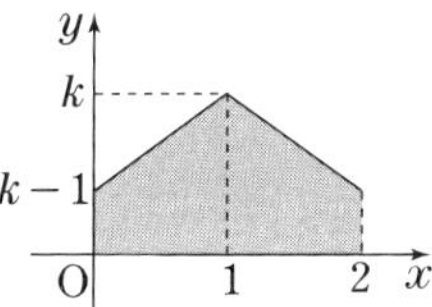

(1) $f(x) \geqq 0$ だから，積分の条件を満たす k を考える．

図の面積（台形 2 つ）を考えて

$$\int_0^2 f(x)dx=2\cdot\frac{(k+(k-1))\cdot 1}{2}=2k-1$$

$2k-1=1$ より，$k=1$

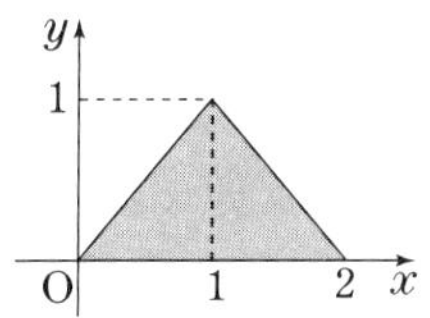

(2) 確率密度関数のグラフは図のようになる．

対称性から，$E(X)=1$

$$V(X)=\int_0^2 (x-1)^2 f(x)dx=\int_0^2 (x-1)^2(1-|x-1|)dx$$

$$=\left[\frac{(x-1)^3}{3}\right]_0^2+\int_0^1 (x-1)^3dx-\int_1^2 (x-1)^3dx$$

$$=\frac{1}{3}-\frac{-1}{3}+\left[\frac{(x-1)^4}{4}\right]_0^1-\left[\frac{(x-1)^4}{4}\right]_1^2=\frac{2}{3}-\frac{1}{4}-\frac{1}{4}=\frac{1}{6}$$

より，標準偏差は $\dfrac{1}{\sqrt{6}}$

■

5 13鹿児島大・前期「8」

確率変数Xのとる値の範囲が$0 \leqq X \leqq 2$で，その確率密度関数$f(x)$が次の式で与えられるものとする．

$$f(x)=\begin{cases}\dfrac{k}{a}x & (0 \leqq x \leqq a)\\[2mm] \dfrac{k}{2-a}(2-x) & (a < x \leqq 2)\end{cases}$$

ここで，a，kは$0<a<1$，$k>0$を満たす定数である．次の各問いに答えよ．

(1) 定数kの値を求めよ．

(2) Xの平均（期待値）$E(X)$をaを用いて表せ．

(3) $P(X \leqq u)=0.5$となる実数uをaを用いて表せ．

(1) $f(x) \geqq 0$であるから，積分の条件を満たすことがkの満たすべき条件である．

$$\int_0^2 f(x)dx=\frac{k}{a}\int_0^a xdx+\frac{k}{2-a}\int_a^2(2-x)dx$$

$$=\frac{k}{a}\left[\frac{x^2}{2}\right]_0^a+\frac{k}{2-a}\left[\frac{-(2-x)^2}{2}\right]_a^2=\frac{ka}{2}+\frac{k(2-a)}{2}=k$$

であるから，$k=1$である．

※$f(x)$の下にある部分は，頂点が$(0,\ 0)$，$(a,\ k)$，$(2,\ 0)$の三角形である．底辺が2，高さがkであるから，積分の値は三角形の面積と等しく，

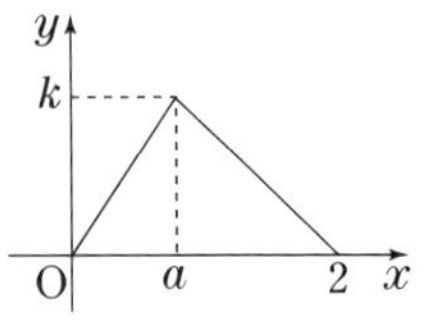

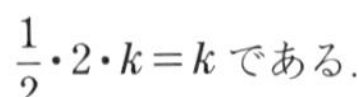

$\dfrac{1}{2}\cdot 2\cdot k=k$である．

(2)
$$E(X)=\int_0^2 xf(x)dx=\frac{1}{a}\int_0^a x^2dx+\frac{1}{2-a}\int_a^2 x(2-x)dx$$
$$=\frac{1}{a}\left[\frac{x^3}{3}\right]_0^a+\frac{1}{2-a}\left[x^2-\frac{x^3}{3}\right]_a^2=\frac{a^2}{3}+\frac{1}{2-a}\left(\frac{4}{3}-a^2+\frac{a^3}{3}\right)$$
$$=\frac{a^2(2-a)+4-3a^2+a^3}{3(2-a)}=\frac{4-a^2}{3(2-a)}=\frac{2+a}{3}$$

(3) $P(X \leqq u)=\int_0^u f(x)dx$ である．$0<a<1$ より

$$P(X \leqq a)=\frac{a}{2}<\frac{1}{2}$$

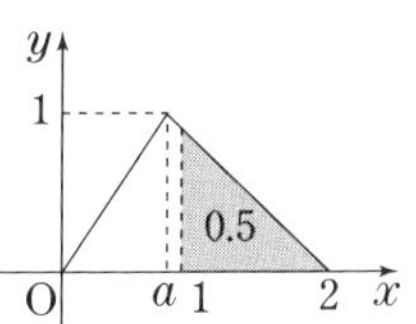

であるから，$u>a$ である．$P(X \leqq u)=0.5$ のとき，$P(X \geqq u)=0.5$ であるから，ここからはこれで考える．

$$P(X \geqq a)=1-P(X \leqq a)=1-\frac{a}{2}$$

で，これが表す三角形と相似な三角形で面積を 0.5 にするには，面積を

$\dfrac{\frac{1}{2}}{1-\frac{a}{2}}=\dfrac{1}{2-a}$ 倍にするから，底辺を $\sqrt{\dfrac{1}{2-a}}$ 倍することになる．元の底辺が $2-a$ だから，面積が 0.5 のときの底辺は $(2-a)\cdot\sqrt{\dfrac{1}{2-a}}=\sqrt{2-a}$ である．よって，求める x 座標 u は

$$u=2-\sqrt{2-a}$$

■

1.2.5-① 正規分布の基本

正規分布の性質は，しっかりイメージできるようにすることが大事です．$N(0,\ 1)$ は平均が 0 で，分散が 1 の正規分布を表す記号です．このとき，標準偏差も 1 です．一般の正規分布は，$N(m,\ \sigma^2)$ と表されます．平均が

m で，分散が σ^2 です．括弧の中にあるのは，標準偏差ではなく，分散です．標準偏差は σ です．$N(1,\ 4)$ なら，平均が 1 で，標準偏差が 2 です．

正規分布は，平均と標準偏差で捉えることができます．

正規分布表には，標準正規分布 $N(0,\ 1)$ に関する情報が書かれています．

u	.00	.01	.02
0.0	0.0000	0.0040	0.0080
0.1	0.0398	0.0438	0.0478
0.2	0.0793	0.0832	0.0871

などと書かれています．色を付けたところは，0.12 の値が 0.0478 という意味です．つまり，確率変数 Z が標準正規分布 $N(0,\ 1)$ に従うとき，

$$P(0 \leqq Z \leqq 0.12) = 0.0478$$

ということです．ここからすぐに分かることは，

① 対称性から，

$$P(-0.12 \leqq Z \leqq 0) = 0.0478,\ P(-0.12 \leqq Z \leqq 0.12) = 0.0956$$

② $P(Z \geqq 0) = 0.5$ との差を考えて，

$$P(0.12 \leqq Z) = 0.5 - 0.0478 = 0.4522$$

③ $P(Z \leqq 0) = 0.5$ との和を考えて，

$$P(Z \leqq 0.12) = 0.5 + 0.0478 = 0.5478$$

一般の正規分布 $N(m,\ \sigma^2)$ の性質を用いると，ここからさらに情報が得られます．確率変数 X が正規分布 $N(m,\ \sigma^2)$ に従うとき，$Z = \dfrac{X-m}{\sigma}$ で

任意の実数 a，b に対し，

$$P(a \leqq Z \leqq b) = P(a\sigma \leqq X - m \leqq b\sigma)$$
$$= P(m + a\sigma \leqq X \leqq m + b\sigma)$$

これにより，

$$P(m \leqq X \leqq m+0.12\sigma)=P(0 \leqq Z \leqq 0.12)=0.0478$$

が分かり，

① $$P(m-0.12\sigma \leqq X \leqq m)=P(-0.12 \leqq Z \leqq 0)=0.0478,$$

$$P(m-0.12\sigma \leqq X \leqq m+0.12\sigma)=P(-0.12 \leqq Z \leqq 0.12)=0.0956$$

② $$P(m+0.12\sigma \leqq X)=P(0.12 \leqq Z)=0.5-0.0478=0.4522$$

③ $$P(X \leqq m+0.12\sigma)=P(Z \leqq 0.12)=0.5+0.0478=0.5478$$

も分かります．これが大事です！$Z=\dfrac{X-m}{\sigma}$ に帰着させて，

> 平均から見て，標準偏差何個分ズレているか？

という見方をしていきます．

1 14 鹿児島大・前期「8」（2）

ある企業の入社試験は採用枠 300 名のところ 500 名の応募があった．試験の結果は 500 点満点の試験に対し，平均点 245 点，標準偏差 50 点であった．得点の分布が正規分布であるとみなせるとき，合格最低点はおよそ何点であるか．小数点以下を切り上げて答えよ．ただし，確率変数 Z が標準正規分布に従うとき，$P(Z>0.25)=0.4$，$P(Z>0.5)=0.3$，$P(Z>0.54)=0.2$ とする．

合格する条件は，上位 60% に入ることである．

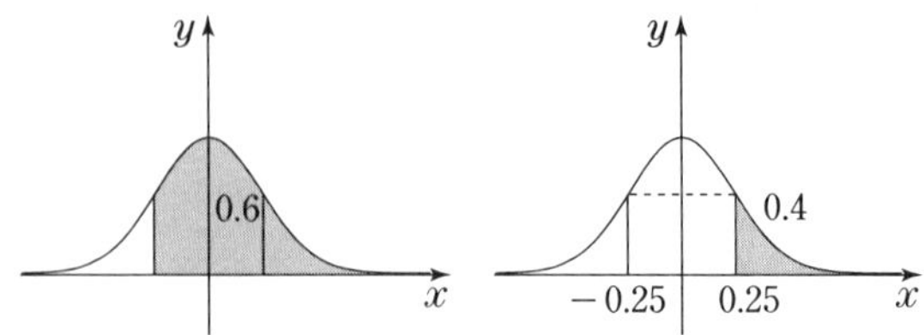

$P(Z>0.25)=0.4$ であるから，対称性より $P(Z>-0.25)=0.6$ である．平均点よりも標準偏差の 0.25 倍だけ下回る点が合格最低点と考えることができる．それは

$$245-50\cdot 0.25=232.5$$

であり，小数点以下を切り上げると 233 点である．

■

2 07 鹿児島大・前期「8」（3）

確率変数 Z が標準正規分布 $N(0,\ 1)$ に従うとき，

$$P(Z\geqq 1.53)=0.063,\ P(Z\geqq 1.96)=0.025,\ P(Z\geqq 2.32)=0.010$$

である．

ある工場で 1kg 入りと表示する製品が生産されている．この製品の重さは，平均 1kg，標準偏差 50g の正規分布に従っているという．この工場より 1000 個の製品を仕入れた．この中に 902g 以下の製品は何個あると推測されるか．

解

1 つ取り出すときの重さを X とすると，$Z=\dfrac{X-1000}{50}$ であるから，

$$P(X\leqq 902)=P(Z\leqq -1.96)=P(Z\geqq 1.96)=0.025$$

であるから，1000 個に含まれる 902g 以下の製品の個数は

$$1000 \cdot 0.025 = 25 \text{ 個}$$

と推測できる．

■

③ 03筑波大・前期・理系「6」

A大学の入学試験では，1200人の入学定員に対して4540人の受験者があった．入学試験問題は800点満点で，受験者全体の成績の分布は，平均395点，標準偏差130点の正規分布とみなしてよいとする．このとき，合格者数を1200人として，次の問いに答えよ．ただし，必要があれば，正規分布表を用いてよい(正規分布表は巻末)．また，試験の成績は整数値とする．

(1) B君が自己採点したところ616点であった．B君は上位何パーセント以内に入ると予想されるか．小数第1位未満を四捨五入して答えよ．

(2) 合格するためには少なくとも何点以上の成績であればよいか．

(3) C高校からの受験者300人の成績の分布は，平均463点，標準偏差100点の正規分布とみなしてよいとする．この300人の何パーセントが合格できると予想されるか．小数第1位未満を四捨五入して答えよ．

解

(1) 得点の確率変数をXとし，標準正規分布をZとすると，

$$Z = \frac{X-395}{130}, \quad \frac{616-395}{130} = 1.7$$

である．正規分布表から，

$$P(X>616)=P(Z>1.7)=0.0446$$

小数第1位未満を四捨五入すると，上位4.5%以内に入ると予想される．

(2) $$\frac{1200}{4540}=0.264\cdots\cdots\ ,\ 0.5-0.264=0.236$$

上位26.4%に入ることが条件で，正規分布表から，

$$P(0\leqq Z\leqq 0.63)=0.2357\quad\therefore\quad P(Z>0.63)=0.2643$$

$$X>395+0.63\cdot 130=476.9$$

得点は整数値だから，477点以上

(3) 得点の確率変数をYとすると，求める確率は$P(Y\geqq 477)$である．

$$Z=\frac{Y-463}{100},\ \frac{477-463}{100}=0.14$$

である．正規分布表から

$$P(Y\geqq 477)=P(Z\geqq 0.14)=0.5-P(0\leqq Z<0.14)$$

$$=0.5-0.0557=0.4443$$

小数第1位未満を四捨五入すると，44.4%が合格できると予想される．

■

1.2.5-② 二項分布の正規分布による近似

試行回数nが十分大きいとき，二項分布$B(n,\ p)$は正規分布で近似できます．これが中心極限定理です．どんな正規分布$N(m,\ \sigma^2)$で近似できるかも重要です．$B(n,\ p)$の期待値がmで，分散がσ^2です．$B(1,\ p)$の期待値，分散が

$$1\cdot p+0\cdot(1-p)=p$$

$$(1^2\cdot p+0^2\cdot(1-p))-p^2=p(1-p)$$

であり，n回の試行が独立だから，

$$m=np,\ \sigma^2=np(1-p)$$

です．$B(n,\ p)$ は $N(np,\ np(1-p))$ で近似されます．

これは「確率 p で起こる事象が n 回中何回起こるか」の確率変数を考えていることになります．確率変数 X_k を，k 回目に起こるとき 1，そうでないとき 0 と定めます．そして，

$$X_1+\cdots\cdots+X_n$$

を考えているわけです．

X_1，……，X_n の平均を考えることもあります．$\overline{X}=\dfrac{X_1+\cdots\cdots+X_n}{n}$ と表し，標本平均などと呼ばれます．$\overline{X}$ の平均と分散は

$$m=p,$$

$$\sigma^2=V(\overline{X})=V\left(\frac{X_1+\cdots\cdots+X_n}{n}\right)=\frac{V(X_1)+\cdots\cdots+V(X_n)}{n^2}$$

$$=\frac{p(1-p)}{n}$$

です．

n が十分大きいと，これも正規分布 $N(m,\ \sigma^2)$ で近似できます．

1 07 鹿児島大・前期「8」（1）・改

b，d は正であるとする．

確率変数 X が正規分布 $N(m,\ \sigma^2)$ に従うとき，$\dfrac{X-a}{b}$ は，標準正規分布 $N(0,\ 1)$ に従うとする．また，確率変数 Y が二項分布 $B(n,\ p)$ に従うとき，$\dfrac{Y-c}{d}$ は，n が十分大きいならば，近似的に標準正規分布 $N(0,\ 1)$ に従うとする．このとき，a，b，c，d を m，σ，n，p を用いて表せ．

解

$$E\left(\frac{X-a}{b}\right)=\frac{E(X)-a}{b}=\frac{m-a}{b}$$
$$V\left(\frac{X-a}{b}\right)=\frac{V(X)}{b^2}=\frac{\sigma^2}{b^2}$$

であるから，

$$\frac{m-a}{b}=0,\ \frac{\sigma^2}{b^2}=1 \quad \therefore \quad a=m,\ b=\sigma$$

二項分布において，

$$E(Y)=n(1\cdot p+0\cdot(1-p))=np$$

$$V(Y)=n(\{1^2\cdot p+0^2\cdot(1-p)\}-p^2)=np(1-p)$$

である．

$$E\left(\frac{Y-c}{d}\right)=\frac{E(Y)-c}{d}=\frac{np-c}{d}$$
$$V\left(\frac{Y-c}{d}\right)=\frac{V(Y)}{d^2}=\frac{np(1-p)}{d^2}$$

であるから，

$$\frac{np-c}{d}=0,\ \frac{np(1-p)}{d^2}=1 \quad \therefore \quad c=np,\ d=\sqrt{np(1-p)}$$

■

2 06 鹿児島大・前期「8」(1)

確率変数 Z が標準正規分布 $N(0,\ 1)$ に従うとき，

$$P(Z>1.96)=0.0250,\quad P(Z>2.00)=0.0228,$$

$$P(Z>2.58)=0.0049$$

である．

1 枚の硬貨を 100 回投げる試行において，表の出た回数を X とする．

(1) X はどのような確率分布に従うかを答えよ．また，$P(X=k)$ を k

を用いて表せ．

(2)　X を正規分布 $N(m,\ \sigma^2)$ で近似するとき，m，σ の値をそれぞれ求めよ．

(3)　(2) において，確率 $P(50 \leqq X \leqq 60)$ と，$P(|X-50|<a)=0.95$ を満たす値 a をそれぞれ求めよ．

解

(1)　X は二項分布 $B(100,\ 0.5)$ に従う．

$$P(X=k)={}_{100}\mathrm{C}_k\left(\frac{1}{2}\right)^k\left(\frac{1}{2}\right)^{100-k}=\frac{{}_{100}\mathrm{C}_k}{2^{100}}$$

(2)　1 回分の平均，分散が

$$1\cdot\frac{1}{2}+0\cdot\frac{1}{2}=\frac{1}{2},\ \left(1^2\cdot\frac{1}{2}+0^2\cdot\frac{1}{2}\right)-\frac{1}{4}=\frac{1}{4}$$

で，各回が独立であるから，

$$E(X)=\frac{1}{2}+\cdots\cdots+\frac{1}{2}=\frac{100}{2}=50$$

$$V(X)=\frac{1}{4}+\cdots\cdots+\frac{1}{4}=\frac{100}{4}=25$$

よって，$m=50$，$\sigma=5$

※ $E(X)=np$，$V(X)=np(1-p)$ を用いて求めても良い．

(3)　$Z=\dfrac{X-50}{5}$ である．

$$P(50 \leqq X \leqq 60)=P(0 \leqq Z \leqq 2)=0.5-P(Z>2)$$

$$=0.5-0.0228=0.4772$$

$P(Z>1.96)=0.0250$ より，

$$0.95=P(-1.96 \leqq Z \leqq 1.96)=P(|X-50| \leqq 9.8)$$

であるから，$a=9.8$

■

3 09鹿児島大・前期「8」(2)

母平均 m，母標準偏差 σ の母集団から大きさ n の無作為標本を抽出するとき，その標本平均を $\overline{X}$ とする．標本平均 $\overline{X}$ は，n の値が大きいとき，近似的に正規分布 $N(x,\ y)$ に従う．ただし，確率変数 Z が標準正規分布 $N(0,\ 1)$ に従うならば，

$$P(Z \geqq 1.00) = 0.1587,\ P(Z \geqq 2.00) = 0.0228$$

である．

(1) x と y を m，σ，n を用いて表せ．

(2) 母平均 50，母標準偏差 20 の母集団から，大きさ 100 の無作為標本を抽出するとき，確率 $P(46 \leqq \overline{X} \leqq 52)$ を求めよ．ただし，標本の大きさ 100 は十分大きい数であるとみなせるとする．

解

(1) $k=1$，……，n の結果を X_k とすると，$\overline{X} = \dfrac{X_1 + \cdots\cdots + X_n}{n}$ であり，X_1，……，X_n は独立．

$$E(X_k) = m,\ \sigma(X_k) = \sigma$$

$$\therefore\quad x = E(\overline{X}) = \frac{E(X_1) + \cdots\cdots + E(X_n)}{n} = m$$

$$y = V(\overline{X}) = \frac{V(X_1) + \cdots\cdots + V(X_n)}{n^2} = \frac{\sigma^2}{n}$$

(2)
$$\sigma(\overline{X}) = \sqrt{V(\overline{X})} = \frac{\sigma}{\sqrt{n}}$$

において，$n=100$，$m=50$，$\sigma=20$ より，$\sigma(\overline{X})=2$ である．「十分大きい」とあるから正規分布で近似する．$Z = \dfrac{\overline{X}-50}{20}$ で

$$P(46 \leqq \overline{X} \leqq 52) = P(-2 \leqq Z \leqq 1)$$

$$=1-(P(Z\leqq-2)+P(Z\geqq 1))=1-(P(Z\geqq 2)+P(Z\geqq 1))$$

$$=1-(0.0228+0.1587)=0.8185$$

■

④ 03鹿児島大・前期「１２」

確率変数 Z が平均 0，分散 1 の標準正規分布 $N(0,\ 1)$ に従うとする．$P(0\leqq Z\leqq 1.5)=0.4332$ であるとして，次の各問いに答えよ．

(1) 確率変数 X は平均 40，分散 20^2 の正規分布 $N(40,\ 20^2)$ に従うとする．確率 $P(X\leqq 10)$ を求めよ．

(2) 母平均 40，母分散 20^2 の母集団から，大きさ n の無作為標本を抽出するとき，その標本平均を $\overline{X}$ とする．n が十分大きいとき，$\overline{X}$ が近似的に従う確率分布を求めよ．また，この確率分布に $\overline{X}$ が正確に従うと仮定して，$P(39\leqq\overline{X}\leqq 41)\geqq 0.8664$ となる n の値の範囲を求めよ．

解

(1) $Z=\dfrac{X-40}{20}$ であるから，

$$P(X\leqq 10)=P(Z\leqq-1.5)=P(Z\geqq 1.5)$$

$$=0.5-P(0\leqq Z\leqq 1.5)=0.5-0.4332=0.0668$$

(2) X_k $(k=1,\ \cdots\cdots,\ n)$ を k 番目の結果とすると，

$$\overline{X}=\frac{X_1+\cdots\cdots+X_n}{n}$$

$$E(X_k)=40,\ V(X_k)=20^2$$

$$E(\overline{X})=E\left(\frac{X_1+\cdots\cdots+X_n}{n}\right)=\frac{E(X_1)+\cdots\cdots+E(X_n)}{n}=40$$

$$V(\overline{X})=V\left(\frac{X_1+\cdots\cdots+X_n}{n}\right)=\frac{V(X_1)+\cdots\cdots+V(X_n)}{n^2}=\frac{20^2}{n}$$

であるから，$\overline{X}$ は正規分布 $N\left(40,\ \dfrac{20^2}{n}\right)$ に従う．

$$Z=\frac{\overline{X}-40}{\dfrac{20}{\sqrt{n}}}$$

である．$P(0 \leqq Z \leqq 1.5)=0.4332$ に注意しておく．

$$P(39 \leqq \overline{X} \leqq 41)=P\left(-\frac{\sqrt{n}}{20} \leqq Z \leqq \frac{\sqrt{n}}{20}\right)=2P\left(0 \leqq Z \leqq \frac{\sqrt{n}}{20}\right)$$

であるから，求める条件は

$$\frac{\sqrt{n}}{20} \geqq 1.5 \quad \therefore \quad n \geqq (1.5 \cdot 20)^2=900$$

■

5 10鹿児島大・前期「8」

数字1が書かれたカードが1枚，数字2が書かれたカードが2枚，数字3が書かれたカードが1枚の合計4枚のカードがある．この4枚のカードを母集団とし，カードに書かれている数字を変量とする．このとき，次の各問いに答えよ．ただし，母集団の中から標本を抽出するのに，毎回もとに戻してから次のものを1個ずつ取り出すことを復元抽出といい，取り出したものをもとに戻さずに続けて抽出することを非復元抽出という．

(1) 母平均 m と母標準偏差 σ を求めよ．

(2) この母集団から，非復元抽出によって，大きさ2の無作為標本を抽出し，そのカードの数字を取り出した順に Y_1，Y_2 とする．標本平均 $\overline{Y}=\dfrac{Y_1+Y_2}{2}$ の確率分布，期待値 $E(\overline{Y})$，標準偏差 $\sigma(\overline{Y})$ を求めよ．

(3) この母集団から，復元抽出によって，大きさ200の無作為標本を抽出し，その標本平均を $\overline{X}$ とする．このとき，標本平均 $\overline{X}$ が近似的に正規分布に従うとみなすことができるとして，$P(\overline{X} < a) = 0.05$ を満たす定数 a を求めよ．ただし，確率変数 Z が標準正規分布 $N(0,\ 1)$ に従うとき，$P(Z > 1.65) = 0.05$ とする．

(1)
$$m = \frac{1+2\cdot 2+3}{4} = 2$$

$$\sigma^2 = \frac{(-1)^2 + 0\cdot 2 + 1^2}{4} = \frac{1}{2} \quad \therefore \quad \sigma = \frac{1}{\sqrt{2}}$$

(2)
$$(Y_1,\ Y_2) = (1,\ 2),\ (2,\ 1),\ (1,\ 3),\ (2,\ 2),\ (3,\ 1),\ (2,\ 3),\ (3,\ 2)$$

このうち，2 が含まれる組は取り出し方が 2 通りずつあり，その他は 1 通りあって，総数は $4\cdot 3 = 12$ 通りである．確率分布は

$\overline{Y}$	$\frac{3}{2}$	2	$\frac{5}{2}$	計
P	$\frac{1}{3}$	$\frac{1}{3}$	$\frac{1}{3}$	1

期待値，標準偏差は

$$E(\overline{Y}) = \frac{3}{2}\cdot\frac{1}{3} + 2\cdot\frac{1}{3} + \frac{5}{2}\cdot\frac{1}{3} = \frac{12}{6} = 2$$

$$\{\sigma(\overline{Y})\}^2 = V(\overline{Y}) = \left(-\frac{1}{2}\right)^2\cdot\frac{1}{3} + 0\cdot\frac{1}{3} + \left(\frac{1}{2}\right)^2\cdot\frac{1}{3} = \frac{1}{6}$$

$$\therefore \quad \sigma(\overline{Y}) = \frac{1}{\sqrt{6}}$$

＜(2) の **別解**＞【計算の (無駄な…) 工夫】

$E(Y_1) = E(Y_2) = m$，$\sigma(Y_1) = \sigma(Y_2) = \sigma$ である．Y_1，Y_2 は独立ではないことに注意する．

$$E(\overline{Y})=E\left(\frac{Y_1+Y_2}{2}\right)=\frac{E(Y_1)+E(Y_2)}{2}=m=2$$

$V(\overline{Y})=E(\overline{Y}^2)-\{E(\overline{Y})\}^2$ を利用する．

$$E(\overline{Y}^2)=E\left(\frac{Y_1^2+Y_2^2+2Y_1Y_2}{4}\right)$$
$$=\frac{E(Y_1^2)+E(Y_2^2)+2E(Y_1Y_2)}{4}$$

ここで，

$$V(Y_1)=E(Y_1^2)-\{E(Y_1)\}^2$$

$$\sigma^2=E(Y_1^2)-m^2 \quad \therefore \quad E(Y_1^2)=\frac{1}{2}+4=\frac{9}{2}$$

で，$E(Y_2^2)$ もこれと等しい．

$$(Y_1,\ Y_2)=(1,\ 2),\ (2,\ 1),\ (1,\ 3),\ (3,\ 1),\ (2,\ 2),$$
$$(2,\ 3),\ (3,\ 2)$$

のうち，2 が含まれる組は 2 通りずつあり，その他は 1 通りあって，総数は $4\cdot3=12$ 通りであるから，

$$E(Y_1Y_2)=2\cdot\frac{4}{12}+3\cdot\frac{2}{12}+4\cdot\frac{2}{12}+6\cdot\frac{4}{12}=\frac{46}{12}=\frac{23}{6}$$

以上から，

$$E(\overline{Y}^2)=\frac{\frac{9}{2}+\frac{9}{2}+2\cdot\frac{23}{6}}{4}=\frac{50}{4\cdot3}=\frac{25}{6}$$
$$V(\overline{Y})=E(\overline{Y}^2)-\{E(\overline{Y})\}^2=\frac{25}{6}-4=\frac{1}{6}$$
$$\therefore \quad \sigma(\overline{Y})=\sqrt{V(\overline{Y})}=\frac{1}{\sqrt{6}}$$

(3) $k=1$，……，200 の結果を X_k とすると，$\overline{X}=\dfrac{X_1+\cdots\cdots+X_{200}}{200}$ である．毎回元に戻すから X_1，……，X_{200} は独立で，

$$E(X_k)=m,\ \sigma(X_k)=\sigma$$

$$E(\overline{X})=\frac{E(X_1)+\cdots\cdots+E(X_{200})}{200}=m=2$$
$$V(\overline{X})=\frac{V(X_1)+\cdots\cdots+V(X_{200})}{200^2}=\frac{\sigma^2}{200}=\frac{1}{400}$$
$$\sigma(\overline{X})=\sqrt{V(\overline{X})}=\frac{1}{20}$$
$$\therefore \quad Z=\frac{\overline{X}-2}{\frac{1}{20}}$$

で，$P(Z>1.65)=0.05$ より，$P(Z<-1.65)=0.05$ であるから，

$$a=2-\frac{1.65}{20}=\frac{38.35}{20}=\frac{767}{400}$$

■

1.2.6-① 信頼区間（母分散が既知のとき）

標準正規分布 $N(0,\ 1)$ に従う Z について，

$$P(Z\geqq 1.96)=0.025,\ P(Z>1.96)=0.0250,$$
$$P(0\leqq Z<1.96)=0.475,\ P(|Z|\leqq 1.96)=0.95$$

などの情報が与えられることがあります．これはどれも同じことを意味しています．$-1.96\leqq Z\leqq 1.96$ となる確率が 0.95 となるから，この範囲は 95% 信頼区間と呼ばれます．Z のとる値の 1 つを無作為に選ぶと，95% の確率で $-1.96\leqq Z\leqq 1.96$ の範囲に入るということです．

一般的な正規分布 $N(m,\ \sigma^2)$ に従う X で考えるときは，$Z=\dfrac{X-m}{\sigma}$ で，どんな a，b でも

$$P(a\leqq Z\leqq b)=P(a\sigma\leqq X-m\leqq b\sigma)$$

が成り立つから，

$$P(|Z|\leqq 1.96)=P(|X-m|\leqq 1.96\sigma)$$

です．確率 95% で

$$-1.96\sigma \leqq X - m \leqq 1.96\sigma$$

が成り立つのです．これが 95% 信頼区間です．

捉え方は 2 通りあります．

1) 「m，σ が分かっているときに，確率変数 X がどういう値をとるか？」というパターン．X の値は，95% の確率で

$$m - 1.96\sigma \leqq X \leqq m + 1.96\sigma$$

の範囲に入ります．

2) σ が分かっているときに，1 つの試行の結果，確率変数 X がある値 $X = a$ をとったとします．期待値 $E(X) = m$ の値を推定したいとき，95% の確率で m は

$$a - 1.96\sigma \leqq m \leqq a + 1.96\sigma$$

の範囲に入ります．母平均の推定というものです．

「母分散 σ が分かっているなら母平均 m は分かっているだろう？」と突っ込みたくなりますが，問題の設定としては，このパターンが多いです．

$P(Z > 2.58) = 0.0049$ と表にあるから，m の 99% 信頼区間

$$a - 2.58\sigma \leqq m \leqq a + 2.58\sigma$$

を求めることもできます．1.96 や 2.58 は，問題文に書かれていたり，正規分布表から分かりますから，覚えていなくても大丈夫そうです．どうしても覚えたい人は“95”＝“1.4^2”で頑張ってください．$16^2 = 256$ ですから，

“99”＝“$1.6^2 + 0.02$”

です．覚えにくい！

応用として,「二項分布 $B(n,\ p)$ の正規分布 $N(np,\ np(1-p))$ での近似」とよく融合されます．n が十分大きいときに使える近似でした．近似して良いかどうかは，問題文を読んで判断します．

例

確率 p で当たるくじがあるとします．

p の値がいくらであるかは分からない，という設定です．しかし，母分散 σ^2 だけは分かっている，という妙な設定になっていることが多いです．「分散が分かっていたら p は分かるんじゃないか？」と考えてはならないのです（暗黙のルール）！

そのくじを 100 回引いたとき，10 回当たりが出たとします．問題文では，大きさ 100 の無作為抽出などと書かれます．無作為というのは，「独立性の保証」と捉えます．

「100 回中 10 回当たり」のとき,「$p=0.1$」と推定するわけですが，本当に「$p=0.1$」とは限りません．この推定がどれくらい信頼できるかを考えます．

100 回くじを引いたときの当たり回数 X は，二項分布 $B(100,\ p)$ にしたがいます．X の平均と分散は

$$E(X)=100p,\ V(X)=100p(1-p)$$

です．X_k として，k 回目に当たりなら 1，そうでないと 0 という確率変数を定め，

$$X=X_1+\cdots\cdots+X_{100}$$

$$E(X_k)=p,\ V(X_k)=p(1-p)$$

となることを利用して求めるのでした．各 X_k は独立です．

母分散は $p(1-p)=\sigma^2$（暗黙のルール：これから p を求めない！）.

推定値「$p=0.1$」に使った0.1は，標本平均 $\overline{X}=\dfrac{X_1+\cdots\cdots+X_{100}}{100}$ のとりうる値の1つです．ここから，「$\overline{X}=0.1$ となる確率がどのくらいなのか？」と考えます．

$$E(\overline{X})=p,$$

$$V(\overline{X})=V\left(\frac{X_1+\cdots\cdots+X_{100}}{100}\right)=\frac{V(X_1)+\cdots\cdots+V(X_{100})}{100^2}$$
$$=\frac{V(X)}{100^2}=\frac{p(1-p)}{100}=\frac{\sigma^2}{100}$$

です．$\overline{X}$ は正規分布 $N\left(p,\ \dfrac{\sigma^2}{100}\right)$ に従い，$P(|Z|\leqq 1.96)=0.95$ より，

$$Z=\frac{\overline{X}-p}{\dfrac{\sigma}{10}},\ P\left(\left|\overline{X}-p\right|\leqq 1.96\cdot\frac{\sigma}{10}\right)=0.95$$

です．具体的に得られる $\overline{X}$ は確率95%で

$$-1.96\cdot\frac{\sigma}{10}\leqq\overline{X}-p\leqq 1.96\cdot\frac{\sigma}{10}$$

を満たします．

ここで，見方を変えます．$\overline{X}=0.1$ という値をとったことから，値が分かっていない p について情報が得られます．p は確率95%で

$$0.1-1.96\cdot\frac{\sigma}{10}\leqq p\leqq 0.1+1.96\cdot\frac{\sigma}{10}$$

を満たすことが分かるのです．これが母平均 p の95%信頼区間です．

信頼区間の幅は，σ が決まっているから，標本の大きさ n のみで決まります．分母が n の平方根になるので，例えば n を100倍にしたら信頼区間の幅は10分の1になります．n を大きくして信頼区間の幅をせまくすることで，推定値の信頼性は増していきます．

□1 08鹿児島大・前期「8」（2）

確率変数 Z が平均 0，分散 1 の標準正規分布 $N(0,\ 1)$ に従うとするとき，$P(Z>1.65)=0.05$，$P(Z>1.96)=0.025$ であるとして，次の各問いに答えよ．

(1) 確率変数 X は平均 65，分散 20^2 の正規分布 $N(65,\ 20^2)$ に従うとする．確率 $P(X>c)$ が 0.05 となるような c を求めよ．

(2) 母平均 m，母分散 20^2 の母集団から大きさ 100 の無作為標本を抽出し，その標本平均を $\overline{X}$ とする．標本の大きさ 100 は十分大きい数であるとみなせるとする．このとき，$\overline{X}$ が近似的に従う確率分布を答えよ．また，母平均 m の信頼度 95% の信頼区間を $\overline{X}$ を用いて表せ．

解

(1)　$Z=\dfrac{X-65}{20}$，$P(Z>1.65)=0.05$ であるから，

$$P(X>65+1.65\cdot 20)=0.05$$

である．よって，

$$c=65+1.65\cdot 20=98$$

(2)　$k=1,\ \cdots\cdots,\ 100$ の結果を X_k とすると，$\overline{X}=\dfrac{X_1+\cdots\cdots+X_{100}}{100}$ で，$X_1,\ \cdots\cdots,\ X_{100}$ は独立．

$$E(X_k)=m,\ V(X_k)=20^2$$

$$\therefore\quad E(\overline{X})=\frac{E(X_1)+\cdots\cdots+E(X_{100})}{100}=m$$

$$V(\overline{X})=\frac{V(X_1)+\cdots\cdots+V(X_{100})}{100^2}=\frac{20^2}{100}=4$$

$\overline{X}$ は近似的に正規分布 $N(m,\ 4)$ に従う．

$Z=\dfrac{\overline{X}-m}{2}$ で，$P(Z>1.96)=0.025$ より，

$$P(-1.96\leqq Z\leqq 1.96)$$
$$=P(-1.96\cdot 2\leqq \overline{X}-m\leqq 1.96\cdot 2)=0.95$$

95% 信頼区間は

$$\overline{X}-3.92\leqq m\leqq \overline{X}+3.92$$

■

2 04 鹿児島大・前期「１３」・改

母平均 m，母標準偏差 σ の母集団から大きさ n の無作為標本を抽出するとき，その標本平均を $\overline{X}$ とする．また，標本平均 $\overline{X}$ は平均 m，分散 $\dfrac{\sigma^2}{n}$ の正規分布 $N\left(m,\ \dfrac{\sigma^2}{n}\right)$ に従うとする．このとき次の各問いに答えよ．

(1) $\overline{X}$ の変換 $\dfrac{\overline{X}-a}{b}$ が，標準正規分布 $N(0,\ 1)$ に従うように a と b を定めよ．ただし，$b>0$ とする．

(2) 標本平均 $\overline{X}$ を用いて母平均 m に対する信頼度 95% の信頼区間を求めよ．また，その信頼区間を導きだす過程も示せ．ただし，確率変数 Z が標準正規分布 $N(0,\ 1)$ に従うとき，$P(Z>1.96)=0.025$ であるとする．

(3) 母標準偏差 σ が 5 のとき，母平均 m に対する信頼度 95% の信頼区間の幅が 2 以下となる標本の大きさ n の最小値を求めよ．

(1) $$E\left(\frac{\overline{X}-a}{b}\right)=\frac{E(\overline{X})-a}{b}=\frac{m-a}{b}$$

$$V\left(\frac{\overline{X}-a}{b}\right)=\frac{V(\overline{X})}{b^2}=\frac{\sigma^2}{nb^2}$$

であるから，

$$\frac{m-a}{b}=0,\ \frac{\sigma^2}{nb^2}=1\quad\therefore\quad a=m,\ b=\frac{\sigma}{\sqrt{n}}$$

(2)　$P(Z>1.96)=0.025$ より，

$$P(-1.96\leqq Z\leqq 1.96)=1-2P(Z>1.96)=0.95$$

$Z=\dfrac{\overline{X}-a}{b}$ であるから，95% 信頼区間は

$$-1.96\leqq\frac{\overline{X}-a}{b}\leqq 1.96$$

$$-1.96\frac{\sigma}{\sqrt{n}}\leqq\overline{X}-m\leqq 1.96\frac{\sigma}{\sqrt{n}}$$

$$\therefore\quad \overline{X}-1.96\frac{\sigma}{\sqrt{n}}\leqq m\leqq\overline{X}+1.96\frac{\sigma}{\sqrt{n}}$$

(3)　$\sigma=5$ のとき，信頼区間の幅が 2 以下になる条件は

$$2\cdot 1.96\frac{5}{\sqrt{n}}\leqq 2\quad\therefore\quad n\geqq(1.96\cdot 5)^2=96.4$$

よって，最小の n は $n=97$

■

③ 12鹿児島大・前期「8」（2）改

確率変数 Z が標準正規分布 $N(0,\ 1)$ に従うとき，

$$P(Z>1.96)=0.025,\quad P(Z>2.58)=0.005,\quad \frac{2.58}{1.96}\fallingdotseq 1.32$$

であるとする．

母平均 m，母標準偏差 10 の母集団から大きさ 100 の無作為標本を抽出し，その標本平均を $\overline{X}$ とする．標本の大きさ 100 は十分大きい数

であるとみなせるとする．

(1) 標本平均$\overline{X}$を用いて，母平均mの信頼度95%の信頼区間を求めよ．

(2) 母平均mを信頼度99%の信頼区間を用いて区間推定するとき，信頼区間の幅を(1)で求めた幅より小さくするためには，標本の大きさnをいくつ以上にとればよいか求めよ．

解

(1) 確率変数X_k $(k=1,\ \cdots\cdots,\ 100)$を$k$番目の標本の結果とすると，

$$\overline{X}=\frac{X_1+\cdots\cdots+X_{100}}{100}$$

$$E(X_k)=m,\ V(X_k)=10^2=100$$

$$\therefore\ E(\overline{X})=m,\ V(\overline{X})=\frac{100\cdot 100}{100^2}=1$$

$$\therefore\ Z=\overline{X}-m$$

$P(Z>1.96)=0.025$より，

$$P(-1.96\leqq Z\leqq 1.96)=P(-1.96\leqq \overline{X}-m\leqq 1.96)=0.95$$

であるから，95%信頼区間は

$$\overline{X}-1.96\leqq m\leqq \overline{X}+1.96$$

(2) (1)の信頼区間の幅は$1.96\cdot 2$である．

標本の大きさがnのとき，標本平均の分散は

$$\frac{100n}{n^2}=\frac{100}{n}$$

で，標準偏差は$\dfrac{10}{\sqrt{n}}$である．

$P(Z>2.58)=0.005$より，$P(-2.58\leqq Z\leqq 2.58)=0.99$であるから，このときの99%信頼区間の幅は$2.58\cdot\dfrac{10}{\sqrt{n}}\cdot 2$である．求める条件は，

$$2.58 \cdot \frac{10}{\sqrt{n}} < 1.96$$

$$\sqrt{n} > 10 \cdot \frac{2.58}{1.96} \fallingdotseq 13.2$$

$$n > 13.2^2 = 174.24$$

で，n を 175 以上にとればよい．

■

④ 05 鹿児島大・前期「１２」

ある工場で生産されている製品の不良品率を p とし，この製品の中から n 個を無作為に抽出して調べるとき，その中の不良品の個数を X 個とする．なお，標準正規分布 $N(0,\ 1)$ に従う確率変数 Z について，

$$P(|Z| \leqq 1.96) = 0.95,\ \ P(0 \leqq Z \leqq 1.8) = 0.4641,$$

$$P(0 \leqq Z \leqq 1.9) = 0.4713,\ P(0 \leqq Z \leqq 2) = 0.4772,$$

$$P(0 \leqq Z \leqq 2.1) = 0.4821$$

であるとする．このとき，次の各問いに答えよ．

(1) X はどのような確率分布に従うかを答えよ．また，n が大きいとき X の確率分布は何で近似されるかを答えよ．

(2) 標本の不良率（標本比率）p_0 は同じ値が得られるものとする．このとき，信頼度 95% の信頼区間の幅を，標本の大きさ n の場合の半分にするには，標本の大きさをいくらにすればよいかを求めよ．

(3) 製品の不良率を $p = 0.05$ とする．標本の大きさが $n = 1900$ のとき，確率 $P(76 \leqq X \leqq 114)$ を，二項分布の正規分布による近似値を用いて表せ．

(1)　1個とりだすとき，不良品なら1，そうでないなら0とすると，平均，分散は

$$1\cdot p+0=p,\ (1^2\cdot p+0)-p^2=p(1-p)$$

Xは，これと同じ分布のn個の確率変数の和であるから，二項分布$B(n,\ p)$に従う．Xの期待値，分散は

$$E(X)=p+\cdots\cdots+p=np$$

$$V(X)=p(1-p)+\cdots\cdots+p(1-p)=np(1-p)$$

であるから，nが大きいと近似的に正規分布$N(np,\ np(1-p))$に従う．

(2)　95％信頼区間の幅は，標準偏差に比例する．標本平均は$\overline{X}=\dfrac{X}{n}$で，母平均，母分散が$p,\ p(1-p)$と分かっているから，標準偏差は

$$V(\overline{X})=V\left(\frac{X}{n}\right)=\frac{V(X)}{n^2}=\frac{p(1-p)}{n}\quad\therefore\quad \sigma(\overline{X})=\frac{\sqrt{p(1-p)}}{\sqrt{n}}$$

幅が半分になるのは，標準偏差が半分のときで，標本の大きさが$4n$のときである．

※実際に信頼区間を求めるときは，pをp_0に変えたものを使う．

(3)　$p=0.05$，$n=1900$のとき，

$$E(X)=np=95$$

$$V(X)=np(1-p)=1900\cdot\frac{1}{20}\cdot\frac{19}{20}=\frac{19^2}{4}\quad\therefore\quad \sigma(X)=\frac{19}{2}$$

であるから，$Z=\dfrac{2(X-95)}{19}$であり，

$$P(76\leqq X\leqq 114)=P(-2\leqq Z\leqq 2)=2P(0\leqq Z\leqq 2)$$

$$=2\cdot 0.4772=0.9544$$

■

1.2.6-② 信頼区間（母分散が未知のとき）

本項で扱うのは，母分散が未知のときに信頼区間を考えるパターン.

●前項の確認●

母平均 p，母標準偏差 σ の母集団から大きさ 100 の無作為抽出して，標本平均が 0.1 であったとします（p は未知, σ は既知という設定でした）.

このとき，「$p=0.1$」と推定するのですが，この数値をどれくらい信頼できるかが重要でした.

標本平均 $\overline{X}=\dfrac{X_1+\cdots\cdots+X_{100}}{100}$ は正規分布 $N\left(p,\ \dfrac{\sigma^2}{100}\right)$ に従い，

$$P(|Z|\leqq 1.96)=0.95$$

$$Z=\frac{\overline{X}-p}{\frac{\sigma}{10}},\ P\left(\left|\overline{X}-p\right|\leqq 1.96\cdot\frac{\sigma}{10}\right)=0.95$$

です．具体的に得られる $\overline{X}$ は確率 95% で

$$-1.96\cdot\frac{\sigma}{10}\leqq\overline{X}-p\leqq 1.96\cdot\frac{\sigma}{10}$$

を満たします．$\overline{X}=0.1$ という値をとったことから，p は確率 95% で

$$0.1-1.96\cdot\frac{\sigma}{10}\leqq p\leqq 0.1+1.96\cdot\frac{\sigma}{10}$$

を満たすことが分かります．これが母平均 p の 95% 信頼区間でした.

p は未知，σ は既知という変な設定なのでした.

今回は，p も σ も未知です．前項内容をもう少し詳しく思い出します.

大きさ 100 の無作為抽出して，標本平均が 0.1 であるというのは，「100 回くじを引いたときの当たり回数 X について，ある試行で $X=10$ になった」ということでした．X は二項分布 $B(100,\ p)$ にしたがいます．X の平

均と分散は

$$E(X)=100p,\ V(X)=100p(1-p)$$

です．X_k として，k 回目に当たりなら 1，そうでないと 0 という確率変数を定め，

$$X=X_1+\cdots\cdots+X_{100}$$

$$E(X_k)=p,\ V(X_k)=p(1-p)$$

となることを利用して求めるのでした．各 X_k は独立です．

母分散は $p(1-p)=\sigma^2$ ですが，これを解いて p を求めるのは「禁止」でした．

ここからが今回の内容です．

「$p=0.1$」と推定するとき，これを使って，「$\sigma^2=p(1-p)=0.1\cdot0.9$」と推定します．ここは少し強引なのですが，推定値である「$\sigma^2=0.1\cdot0.9$」を確定値のように扱い，母平均 p の信頼区間を

$$0.1-1.96\cdot\frac{0.1\cdot0.9}{10}\leqq p\leqq0.1+1.96\cdot\frac{0.1\cdot0.9}{10}$$

としてしまいます．これが，「母分散が不明」のときのやり方です．

※『これが，「母分散が不明」のときのやり方です』と書きましたが，『高校数学では，このようにやります』という方が正確です．

大学の統計学では，母分散の分布も考慮するからです．その際には，不偏分散，t 分布といったものが使われます．本書では詳しく扱いませんが，その一端は，**2.2.3　年輪年代学とは？　～法隆寺百萬塔の年代特定～**で見ることができます．

では，問題にいってみましょう．

□1 06鹿児島大・前期「8」(2)

確率変数 Z が標準正規分布 $N(0,\ 1)$ に従うとき，

$$P(Z>1.96)=0.0250,\quad P(Z>2.00)=0.0228,$$

$$P(Z>2.58)=0.0049$$

である．

変形した硬貨が1枚ある．この硬貨の表の出る確率（母比率という）を推定するために，400回投げたところ，ちょうど100回表が出た．このとき，母比率の信頼度99%の信頼区間の幅を求めよ．

解

母標準偏差は不明であるから，母比率 m の推定値 $p=0.25$ を用いて推定値を求める．

確率変数 X_k $(k=1,\ \cdots\cdots,\ 400)$ を k 回目が表なら1，裏なら0と定める．標本平均を $\overline{X}$ とすると，

$$\overline{X}=\frac{X_1+\cdots\cdots+X_{400}}{400}$$

である．$B(400,\ p)$ の分散が $400p(1-p)$ であるから，標本平均 $\overline{X}$ の分散はこれを 400^2 で割ったものである．

$$V(\overline{X})=\frac{400\cdot\frac{1}{4}\cdot\frac{3}{4}}{400^2}=\frac{3}{16\cdot400}$$

これが母分散 σ^2 の推定値で，母標準偏差の推定値は $\sigma=\dfrac{\sqrt{3}}{80}$ である．

$$Z=\frac{\overline{X}-m}{\frac{\sqrt{3}}{80}}$$

で，$P(Z>2.58)=0.0049$ より，$P(|Z|\leqq2.58)=0.9902$ であるから，

$$P(|\overline{X}-m| \leqq 2.58\sigma)=0.9902$$

いま標本比率が$\frac{1}{4}$であるから，母比率の信頼度 99% の信頼区間は

$$\frac{1}{4}-2.58\cdot\frac{\sqrt{3}}{80} \leqq m \leqq \frac{1}{4}+2.58\cdot\frac{\sqrt{3}}{80}$$

である．信頼区間の幅は

$$2\cdot 2.58\cdot\frac{\sqrt{3}}{80}=\frac{1.29\sqrt{3}}{20} \fallingdotseq 0.112$$

■

[2] 02 筑波大・前期・理系「6」

数直線上の原点に立つ人が確率 p で表の出るコインを投げて，表が出れば $+1$ 進み，裏が出れば -1 進むとする．その場所で再びコインを投げ，その結果に応じて $+1$ または -1 進む．これを n 回繰り返した後のこの人の立つ位置を表す確率変数を S_n とする．このとき，次の問いに答えよ．

(1) $\frac{1}{2}(S_n+n)$ は二項分布 $B(n,\ p)$ に従うことを示せ．

(2) $p=\frac{1}{2}$ のコインを 100 回投げた後に，この人が原点から 22 以上隔たっている確率は 0.05 以下であることを示せ．ただし，確率変数 U が標準正規分布 $N(0,\ 1)$ に従うとき，$P(|U|<1.96)=0.95$ であることは用いてよい．

(3) 未知の p を持つコインを 100 回投げた後に，この人が -60 の位置にいたとする．このデータに基づいて，p の値を信頼度 95% で推定せよ．ただし，信頼区間の端点は小数第 2 位まで求めよ．

(1)　表が出る回数を X_n とおくと，X_n は $B(n,\ p)$ に従う．一方，X_n 回表のとき，

$$S_n = X_n - (n - X_n) = 2X_n - n \quad \therefore \quad X_n = \frac{1}{2}(S_n + n)$$

よって，$\frac{1}{2}(S_n + n)$ は二項分布 $B(n,\ p)$ に従う．

(2)　確率変数 Y_k を，k 回目に表なら 1，裏なら 0 と定める．平均，分散は

$$E(Y_k) = 1 \cdot \frac{1}{2} + 0 = \frac{1}{2},\ V(Y_k) = \left(1^2 \cdot \frac{1}{2} + 0\right) - \left(\frac{1}{2}\right)^2 = \frac{1}{4}$$

各回の結果は独立で，100 回分の和が X_{100} であるから，平均，分散は

$$E(X_{100}) = \frac{100}{2} = 50,\ V(X_{100}) = \frac{100}{4} = 25$$

である．標準偏差は 5 である．

考えるべきは $P(|S_{100}| \geqq 22)$ で，(1) より

$$|2X_{100} - 100| \geqq 22 \quad \therefore \quad |X_{100} - 50| \geqq 2.2 \cdot 5$$

である．$n = 100$ は十分大きいとして，正規分布で近似する．

$$\begin{aligned} & P(|X_{100} - 50| \geqq 2.2 \cdot 5) \\ & \quad = P(|U| \geqq 2.2) \\ & \quad < P(|U| \geqq 1.96) \\ & \quad = 1 - P(|U| < 1.96) = 1 - 0.95 = 0.05 \end{aligned}$$

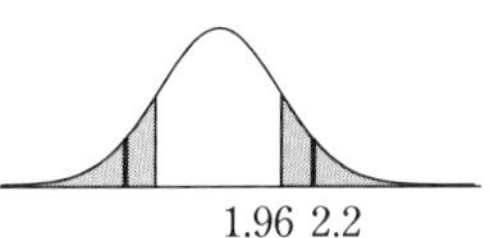

(3)　$S_{100} = -60$ のとき，$X_{100} = 20$ であるから，$p = 0.2$ と推定する．

母標準偏差 σ は不明であるから，推定値 $p = 0.2$ を利用して近似値を求める．

$B(100,\ p)$ において平均，分散が $100p$，$100p(1-p)$ だから，標本平均 $\overline{Y} = \frac{Y_1 + \cdots\cdots + Y_{100}}{100}$ の分散は，

$$V(\overline{Y}) = \frac{100p(1-p)}{100^2} = \frac{100 \cdot \frac{4}{25}}{100^2} = \frac{1}{25 \cdot 25}$$

である．これを使って母標準偏差を $\sigma = \dfrac{1}{25}$ と推定する．

$$Z = \frac{X - 0.2}{\frac{1}{25}}$$

であるから，p の信頼度 95% の信頼区間は

$$\frac{1}{5} - 1.96 \cdot \frac{1}{25} \leqq p \leqq \frac{1}{5} + 1.96 \cdot \frac{1}{25}$$

である．端点を小数第 2 位まで求める (小数第 3 位を四捨五入) と，

$$\frac{1}{5} - 1.96 \cdot \frac{1}{25} = 0.2 - 0.0784 = 0.1216 \fallingdotseq 0.12$$
$$\frac{1}{5} + 1.96 \cdot \frac{1}{25} = 0.2 + 0.0784 = 0.2784 \fallingdotseq 0.28$$

であるから，信頼区間は

$$0.12 \leqq p \leqq 0.28$$

■

③ 17 筑波大・医 - 推薦「3」(1)・改

ある病気の再発を調査した．

A 地区では 10000 人中 2001 人が再発し，B 地区では 40000 人中 7999 人が再発した．このとき，再発割合に対する信頼区間の幅について，A 地区と B 地区の比を求めなさい．ただし，信頼度を 95% とする．

95% 信頼区間の幅は，標準偏差に比例する (実際には 1.96 倍だが，覚えていなくても与えられるか，使わずに解けるか，であることが多い)．

標準偏差の比を考える．

n 人の標本平均を p とする．母標準偏差は不明であるから，p を用いて近似する．

$B(n,\ p)$ の分散が $np(1-p)$ である．標本平均の分散はこれを n^2 で割ったもので，その平方根 $\sqrt{\dfrac{np(1-p)}{n^2}}=\sqrt{\dfrac{p(1-p)}{n}}$ が標準偏差である．これが母分散の近似値である．

$2001=a$ と表すことにすると，$7999=10000-a$ である．

$$\sqrt{\frac{1}{10000}\cdot\frac{a}{10000}\cdot\frac{10000-a}{10000}}:\sqrt{\frac{1}{40000}\cdot\frac{10000-a}{40000}\cdot\frac{30000+a}{40000}}$$
$$=8\sqrt{a}:\sqrt{30000+a}=2\sqrt{2001}:\sqrt{32001}=2\sqrt{667}:\sqrt{10667}$$

■

1.2.7　仮説検定

まず，推定を思い出しておこう．

コインを 100 回振って表が 55 回出たとする．このとき，コインを振って表が出る確率 p を推定すると，$p=0.55$ である．

100 回は十分大きいと考えて，二項分布を正規分布で近似する．95% 信頼区間は

$$-1.96\sqrt{\frac{p(1-p)}{100}}\leqq p-0.55\leqq 1.96\sqrt{\frac{p(1-p)}{100}}$$
$$0.55-1.96\cdot\frac{\sqrt{p(1-p)}}{10}\leqq p\leqq 0.55+1.96\cdot\frac{\sqrt{p(1-p)}}{10}$$

であるが，左辺，右辺に p の推定値 0.55 を代入して

$$0.55-1.96\cdot\frac{\sqrt{0.55\cdot 0.45}}{10}\leqq p\leqq 0.55+1.96\cdot\frac{\sqrt{0.55\cdot 0.45}}{10}$$
$$0.452\leqq p\leqq 0.648$$

ここから，検定の話である．

上の 95% 信頼区間に 0.5 が入っている．そこで，$p=0.5$ (コインに歪みがない) であるかどうかを考えてみよう．つまり，0.55 は，歪みのないコインでの誤差の範囲内なのか，そうでない何か意味が有るものなのか，検定する (有意性検定).

仮説：$p=0.5$

$p=0.5$ と“仮定”する．表が出る回数を X とすると, X は二項分布に従い,

$$E(X)=50,\ V(X)=100\cdot 0.5\cdot 0.5=25$$

である．標準偏差が $\sigma=5$ であるから，正規分布で近似すると

$$P(X\geqq 55)=P(Z\geqq 1)=0.5-0.3413=0.1587$$

（Z は標準正規分布，0.3413 は正規分布表から）

である．100 回で表が 55 回以上出る確率は 16% ほどであり，それなりに“レア”な結果である．だからといって，$p=0.5$ を“棄却”できるかどうかは分からない．実際には，検定前に，棄却するための基準（有意水準）を決めておく．例えば，有意水準 α を $\alpha=0.1$ としておく (「10% 未満の確率でしか起きなかったら仮定を棄却する」という基準) と，$p=0.5$ は棄却されない (16% の確率で $X\geqq 55$ となるから).

では，400 回振って 220 回表が出たときは？ $p=0.5$ と“仮定”すると,

$$E(X)=200,\ V(X)=400\cdot 0.5\cdot 0.5=100$$

である．標準偏差が $\sigma=10$ であるから,

$$P(X\geqq 220)=P(Z\geqq 2)=0.5-0.4772=0.0228$$

（Z は標準正規分布，0.4772 は正規分布表から）

$p=0.5$ と“仮定”すると，$X\geqq 220$ となる確率は 2.3% ほどである．有意水準 $\alpha=0.1$ で $p=0.5$ は棄却されるが，$\alpha=0.01$ では棄却されない．

1 オリジナル

nを十分大きい自然数とする．コインをn回振って，表が出る回数を数え，nで割るとおよそ0.55になったとする．以下の問いに答えよ．ただし，必要ならば，標準正規分布Zで

$$P(0 \leqq Z \leqq 2.33)=0.4901,\ P(0 \leqq Z \leqq 3.08)=0.4990$$

であることを用いてよい．

(1)　$n=900$のとき，$p=0.5$は有意水準$\alpha=0.01$で棄却されるか？

(2)　有意水準$\alpha=0.001$で$p=0.5$が棄却されるような最小のnを求めよ．

(3)　有意水準$\alpha=0.001$で$p=0.54$が棄却されるような最小のnを求めよ．

解

表が出る回数をXとすると，Xは二項分布に従う．

(1)　$n=900$のとき，$p=0.5$とすると

$$E(X)=450,\ V(X)=900 \cdot 0.5 \cdot 0.5=9 \cdot 25$$

である．標準偏差が$\sigma=15$であるから，

$$P(X \geqq 495)=P(Z \geqq 3)=0.5-P(0 \leqq Z \leqq 3)$$

$$<0.5-P(0 \leqq Z \leqq 2.33)=0.0099<0.01$$

であり，$p=0.5$は有意水準$\alpha=0.01$で棄却される．

(2)　$p=0.5$とすると，

$$E(X)=0.5 \cdot n,\ V(X)=n \cdot 0.5 \cdot 0.5$$

で，標準偏差は$\sigma=\dfrac{\sqrt{n}}{2}$である．$X \geqq 0.55 \cdot n$は

$$Z \geqq \frac{0.55n - 0.5n}{\sigma} \quad \therefore \quad Z \geqq \frac{\sqrt{n}}{10}$$

$P(Z \geqq 3.08) = 0.5 - 0.4990 = 0.001$ であるから，求める条件は

$$\frac{\sqrt{n}}{10} \geqq 3.08 \quad \therefore \quad n \geqq 3.08^2 \cdot 100 = 948.64$$

よって，$n = 949$ である．

(3) $p = 0.54$ とすると，

$$E(X) = 0.54 \cdot n, \quad V(X) = n \cdot 0.54 \cdot 0.46$$

で，標準偏差は $\sigma = \sqrt{n \cdot 0.54 \cdot 0.46}$ である．$X \geqq 0.55 \cdot n$ は

$$Z \geqq \frac{0.55n - 0.54n}{\sigma} \quad \therefore \quad Z \geqq \frac{\sqrt{n}}{100\sqrt{0.54 \cdot 0.46}}$$

(2) の通り，$P(Z \geqq 3.08) = 0.001$ であるから，求める条件は

$$\frac{\sqrt{n}}{100\sqrt{0.54 \cdot 0.46}} \geqq 3.08$$

$$\therefore \quad n \geqq 3.08^2 \cdot 100^2 \cdot 0.54 \cdot 0.46 = 23564.2176$$

である．よって，$n = 23565$ である．

■

※　約 2 万のサンプル数があれば，$p = 0.54$ と $p = 0.55$ では大きな違いがある．誤認する確率は 0.1% 未満である (残念ながら 0 ではない…).

1.2.9　追加問題

第 1 章の最後に，これまでのどの分類にも入れにくい問題を 2 つやってみましょう．

正規分布を連続型確率分布として見る総合的な問題と，ここまで登場しなかった乱数と一様な分布に関する問題です．本質的な問題ですから，最後にしっかりと考えてもらい，理論の確認をしてもらえると思います．

1 11 鹿児島大・前期「8」(2)

Z を標準正規分布 $N(0,\ 1)$ に従う確率変数とする．また，任意の $x\ (x \geqq 0)$ に対して，関数 $g(x)$ を $g(x)=P(0 \leqq Z \leqq x)$ とおく．このとき，次の各問いに答えよ．

(1) 確率 $P(a \leqq Z \leqq b)$ を関数 g で表せ．ただし，a と b は定数で $a<b$ とする．

(2) 母平均 50，母標準偏差 $3\sqrt{10}$ の母集団から大きさ 10 の標本を抽出するとき，標本平均が 41.0 以上 48.5 以下になる確率を関数 g で表せ．

(3) $0<p<1$ とし，l_p は $g(l_p)=\dfrac{p}{2}$ をみたすものとする．母分散 25 の母集団から大きさ 20 の標本を抽出したところ，標本平均が 45 であった．母平均 m に対する信頼度 $100p\%$ の信頼区間の区間幅を l_p を用いて表せ．

解

(1) $g(x)=\int_0^x h(t)dt$ とおく．正規分布だから，$x \leqq 0$ でも同じ確率密度関数 $h(x)$ で表せる．

$$P(a \leqq Z \leqq b)=\int_a^b h(t)dt=\int_0^b h(t)dt-\int_0^a h(t)dt=g(b)-g(a)$$

※ $g(x)=\int_0^x \frac{1}{\sqrt{2\pi}}e^{-\frac{t^2}{2}}dt$ であるが，覚えていなくても問題を解くにあたり不自由はない．

(2) 各標本の結果を $X_k\ (1 \leqq k \leqq 10)$ として，標本平均 $\overline{X}=\dfrac{X_1+\cdots\cdots+X_{10}}{10}$

について

$$E(\overline{X})=50,$$

$$V(\overline{X})=\frac{V(X_1)+\cdots\cdots+V(X_{10})}{10^2}=\frac{10\cdot(3\sqrt{10})^2}{10^2}=9$$

より，標準偏差は3である．

$$Z=\frac{\overline{X}-50}{3}$$

であるから，

$$P(41.0\leqq\overline{X}\leqq48.5)=P(-3.0\leqq Z\leqq-0.5)$$

$$=P(0.5\leqq Z\leqq3.0)=g(3)-g(0.5)$$

(3)　$g(l_p)=\dfrac{p}{2}$ より，

$$P(-l_p\leqq Z\leqq l_p)=p$$

標本平均を $\overline{Y}$ と表すと，

$$E(\overline{Y})=45$$

で，母分散25だから，大きさ20の標本平均の分散は

$$V(\overline{Y})=\frac{20\cdot25}{20^2}=\frac{5}{4}$$

で，標準偏差は $\dfrac{\sqrt{5}}{2}$ である．

$$Z=\frac{\overline{Y}-45}{\dfrac{\sqrt{5}}{2}}$$

であるから，$100p$% 信頼区間は $\left[45-\dfrac{\sqrt{5}}{2}l_p,\ 45+\dfrac{\sqrt{5}}{2}l_p\right]$ で，幅は $\sqrt{5}l_p$

※区間を求めなくても幅だけ求めることはできる．

■

② 04 筑波大・前期・理系「6」

X_1, X_2, ……, X_n および Y_1, Y_2, ……, Y_n は，それぞれ区間 $[0, 1]$ で等確率でかつ独立に発生させた乱数である．各 $i=1, 2, \cdots\cdots, n$ について，(X_i, Y_i) から Z_i を次のように定義する．

$$Z_i=\begin{cases}1 & (X_i{}^2+Y_i{}^2\leqq 1 \text{ のとき}) \\ 0 & (\text{それ以外のとき})\end{cases}$$

(1)　確率 $P(Z_i=1)$ を求めよ．

(2)　$W_n=\dfrac{4}{n}(Z_1+Z_2+\cdots\cdots+Z_n)$ とするとき，W_n の平均 μ と分散 σ^2 を求めよ．

(3)　W_n は正規分布で近似できるとし，$n=10^m$ (m は正の整数) とする．W_n の値が 95% の確率で区間 $(\mu-0.0034, \mu+0.0034)$ に入る m の最小値を求めよ．

※正規分布表は巻末．

(1)　一様な乱数なので，(X_i, Y_i) は正方形領域 $0\leqq x\leqq 1$, $0\leqq y\leqq 1$ に一様に分布する．この面積は1である．$Z_i=1$ となる (X_i, Y_i) の存在範囲は，

$$X_i^2+Y_i^2\leqq 1,\ 0\leqq x\leqq 1,\ 0\leqq y\leqq 1$$

で，面積は $\dfrac{\pi}{4}$ である．よって，

$$P(Z_i=1)=\frac{\pi}{4}$$

(2)　X_i, Y_i はすべて独立だから，Z_i $(1\leqq i\leqq n)$ は互いに独立である．

$$E(Z_i)=1\cdot\frac{\pi}{4}+0=\frac{\pi}{4}$$

$$V(Z_i)=\left(1^2\cdot\frac{\pi}{4}+0\right)-\left(\frac{\pi}{4}\right)^2=\frac{\pi}{4}\left(1-\frac{\pi}{4}\right)$$

であるから，

$$\mu=E(W_n)=E\left(\frac{4}{n}(Z_1+\cdots\cdots+Z_n)\right)$$
$$=\frac{4}{n}(E(Z_1)+\cdots\cdots+E(Z_n))=\frac{4}{n}\cdot\frac{\pi}{4}n=\pi$$
$$\sigma^2=V(W_n)=V\left(\frac{4}{n}(Z_1+\cdots\cdots+Z_n)\right)$$
$$=\left(\frac{4}{n}\right)^2(V(Z_1)+\cdots\cdots+V(Z_n))$$
$$=\left(\frac{4}{n}\right)^2\frac{\pi}{4}\left(1-\frac{\pi}{4}\right)n=\frac{\pi(4-\pi)}{n}$$

(3)　Z が標準正規分布に従うとき，$P(-1.96<Z<1.96)=0.95$ である．

よって，95% 信頼区間は

$$(\mu-1.96\sigma,\ \mu+1.96\sigma)$$

であるから，考える条件は

$$1.96\sigma\leqq 0.0034$$

$$1.96\sqrt{\frac{\pi(4-\pi)}{10^m}}\leqq 0.0034\quad\therefore\quad 10^m\geqq\pi(4-\pi)\left(\frac{1.96}{0.0034}\right)^2$$

ここで，

$$\pi(4-\pi)\left(\frac{1.96}{0.0034}\right)^2\fallingdotseq 3.14\cdot 0.86\cdot 576.5^2\fallingdotseq 897351$$

であるから，求める条件は $m\geqq 6$ で，最小のものは $m=6$

■

※厳密に評価するなら，以下のように不等式を利用する．

$$\pi(4-\pi)\left(\frac{1.96}{0.0034}\right)^2>3.1\cdot 0.8\cdot 576^2>822804$$
$$\pi(4-\pi)\left(\frac{1.96}{0.0034}\right)^2<3.2\cdot 0.9\cdot 577^2<958836$$

以上で，統計の基本と大学入試問題演習は終わりです．

改めて質問です．

「統計は数学でしょうか？」

やはり純粋な数学とは少し違う部分があります．実際に起きている出来事を対象とするから仕方ないでしょう．演習では，できるだけ数学的に面白くなるような工夫をしながら解いてみたつもりです．少しでも統計に対する嫌悪感が薄らいでくれていたら嬉しく思います(えっ？元から無かったですか？スイマセン).

次章では，統計を勉強した私が，自分の趣味(考古学)や学んだこと(Python，人工知能，IRT)と統計を絡めて，面白いと思う話をしていきます．統計っぽくない部分も多いですが，お許しください．合わせて，正規分布の理論背景や微分・積分・偏微分・変分といったお話もしていきます．

これが，何らかの探求学習のヒントになると考えています．私の好みが全開ですが，少しでも興味をもってもらえたら嬉しく思います．では，お楽しみに．

統計で探求してみよう

2．統計で探求してみよう

統計をベースに，私が探求してきたことを気ままに書いていきたいと思います．一部は，雑誌「大学への数学（東京出版）」に掲載された記事の再編です．

マニアックな内容もありますが，お楽しみください．

2.1　数学的背景へ

本節では，がっつりと本気の数学をやっていきます．

正規分布の背景を広義積分を使って見ていきます．また，偏微分や変分，ラグランジュの未定常数法について，簡単に解説していきます．

2.1.1　正規分布の基礎理論　～ $\sin^n\theta$ の積分を添えて～

統計のメインテーマである正規分布の理論構築は，広義積分などのため，高校数学で扱い切れず，天下り的な導入になる．本項ではその辺りを正面から解説していきたい．意外に思われるかも知れないが，その中で $\sin^n\theta$ の積分が登場する．

右のようなグラフを見ることがある．正規分布の素になる $f(x)=\dfrac{1}{\sqrt{\pi}}e^{-x^2}$ である．これが確率密度関数になることを確認していこう．つまり，(全確率)＝1を示すために，$-\infty$ から $+\infty$ までの，x 軸より上にある部分の面積が1になること（$\displaystyle\int_{-\infty}^{\infty}e^{-x^2}dx=\sqrt{\pi}$）を確認する．そのためには「広義積分」を避けて通ることができない．

広義積分の例を1つ挙げておく．

例

$$\int_0^\infty e^{-x}dx=\lim_{R\to\infty}\int_0^R e^{-x}dx=\lim_{R\to\infty}\left(\left[-e^{-x}\right]_0^R\right)$$
$$=\lim_{R\to\infty}\left(1-e^{-R}\right)=1$$

極限であるから収束の吟味が必要になる．そこを詳しく扱うと手間がかかるので，$\int_{-\infty}^\infty e^{-x^2}dx$ が収束することや対称性から $\int_{-\infty}^\infty e^{-x^2}dx=2\int_0^\infty e^{-x^2}dx$ が成り立つことは認めて議論していくことにする．

問題 1．空間内で

$$0\leqq z\leqq e^{-(x^2+y^2)},\ x\geqq 0,\ y\geqq 0$$

が表す立体の体積を V とする．

(1) “バームクーヘン積分” を利用して V を求めよ．

(2) y を固定したときの断面積を考えることで V を $\int_{-\infty}^\infty e^{-x^2}dx$ の式で表せ．

(3) $\int_{-\infty}^\infty e^{-x^2}dx$ を求めよ．

解

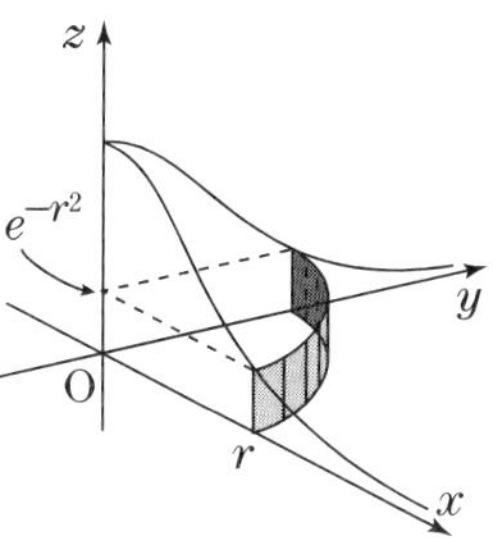

(1) $r\geqq 0$ に対し，円柱 $x^2+y^2=r^2$ で切断して考える．$0\leqq z\leqq e^{-(x^2+y^2)}$ については，r が Δr だけ変化するときの体積変化 ΔV が

$$\Delta V\fallingdotseq 2\pi re^{-r^2}\Delta r$$

と近似できるから，$2\pi re^{-r^2}$ を積分すれば

体積になる．

$x \geqq 0$，$y \geqq 0$ の部分であるから，上記を 4 等分する．

$$V=\frac{1}{4}\int_0^{\infty} 2\pi re^{-r^2}dr=\frac{\pi}{4}\Big[-e^{-r^2}\Big]_0^{\infty}=\frac{\pi}{4}$$

(2) $\int_0^{\infty} e^{-x^2}dx=A$ とおく．$y=k\,(\geqq 0)$ を固定すると，断面は

$$0 \leqq z \leqq e^{-k^2}e^{-x^2},\ x \geqq 0$$

であるから，断面積は

$$e^{-k^2}\int_0^{\infty} e^{-x^2}dx=Ae^{-k^2}$$

である．よって，

$$V=\int_0^{\infty}\left(Ae^{-y^2}\right)dy=A^2=\frac{1}{4}\left(\int_{-\infty}^{\infty} e^{-x^2}dx\right)^2$$

(3) (1)，(2) より

$$\frac{1}{4}\left(\int_{-\infty}^{\infty} e^{-x^2}dx\right)^2=\frac{\pi}{4}\quad \therefore\ \int_{-\infty}^{\infty} e^{-x^2}dx=\sqrt{\pi}$$

である．

■

この積分計算には別の方法も知られている．

問題 2.

(1) $I_n=\int_0^{\frac{\pi}{2}}\cos^n\theta d\theta\ (n \geqq 0)$ とおく．nI_nI_{n-1} を求め，$\lim_{n\to\infty}\sqrt{n}I_n$ を求めよ．

(2) n は自然数とする．$x=\sqrt{n}t$ と置換することで，

$$\sqrt{n}\int_0^1(1-t^2)^n dt \leqq \int_0^{\infty} e^{-x^2}dx \leqq \sqrt{n}\int_0^{\infty}\frac{1}{(1+t^2)^n}dt$$

を示せ．ただし，すべての実数 x で $e^x \geqq 1+x$ が成り立つことは証

明なしで用いてよい．

(3) $\int_{-\infty}^{\infty} e^{-x^2}dx$ を求めよ．

(1)
$$I_0=\frac{\pi}{2}$$

$$I_1=\int_0^{\frac{\pi}{2}}\cos\theta d\theta=[\sin\theta]_0^{\frac{\pi}{2}}=1$$

$$\begin{aligned}I_{n+2}&=\int_0^{\frac{\pi}{2}}\cos^{n+1}\theta(\sin\theta)'d\theta\\&=\left[\cos^{n+1}\theta\sin\theta\right]_0^{\frac{\pi}{2}}\\&\quad-(n+1)\int_0^{\frac{\pi}{2}}\cos^n\theta(-\sin\theta)(\sin\theta)d\theta\\&=0+(n+1)\int_0^{\frac{\pi}{2}}\cos^n\theta(1-\cos^2\theta)d\theta\\&=(n+1)I_n-(n+1)I_{n+2}\end{aligned}$$

より，$(n+2)I_{n+2}=(n+1)I_n$．これに I_{n+1} をかけて

$$(n+2)I_{n+2}I_{n+1}=(n+1)I_{n+1}I_n\ (n\geqq 0)$$

よって，$\{nI_nI_{n-1}\}$ は定数列で，$n\geqq 1$ で

$$nI_nI_{n-1}=1I_1I_0=\frac{\pi}{2}$$

次に，$0\leqq\sin\theta\leqq 1$ より，$\{I_n\}$ は減少数列で，

$$I_{n+1}\leqq I_n\leqq I_{n-1}$$
$$nI_{n+1}I_n\leqq nI_n^2\leqq nI_nI_{n-1}$$
$$\sqrt{\frac{n}{n+1}}\sqrt{\frac{\pi}{2}}\leqq\sqrt{n}I_n\leqq\sqrt{\frac{\pi}{2}}\ \left((n+1)I_{n+1}I_n=\frac{\pi}{2}\text{ より}\right)$$

$\lim_{n\to\infty}\sqrt{\frac{n}{n+1}}\sqrt{\frac{\pi}{2}}=\sqrt{\frac{\pi}{2}}$ だから，はさみうちの原理より

$$\lim_{n\to\infty}\sqrt{n}I_n=\sqrt{\frac{\pi}{2}}$$

(2) $e^x \geqq 1+x$ より

$$e^{-x^2}\geqq 1+(-x^2),\ \frac{1}{e^{x^2}}\leqq\frac{1}{1+x^2}$$

$$1-x^2\leqq e^{-x^2}\leqq\frac{1}{1+x^2}\quad\cdots\cdots\quad ①$$

である．後でこれを用いる．$x=\sqrt{n}t$ とすると

$$\int_0^{\infty}e^{-x^2}dx=\int_0^{\infty}e^{-nt^2}\sqrt{n}dt=\sqrt{n}\int_0^{\infty}(e^{-t^2})^n dt$$

と置換できるから，① を用いて

$$\int_0^{\infty}(e^{-t^2})^n dt\geqq\int_0^{1}(e^{-t^2})^n dt\geqq\int_0^{1}(1-t^2)^n dt$$

$$\int_0^{\infty}(e^{-t^2})^n dt\leqq\int_0^{\infty}\left(\frac{1}{1+t^2}\right)^n dt$$

よって

$$\sqrt{n}\int_0^{1}(1-t^2)^n dt\leqq\int_0^{\infty}e^{-x^2}dx\leqq\sqrt{n}\int_0^{\infty}\frac{1}{(1+t^2)^n}dt$$

(3) 左辺は $t=\sin\theta$，右辺は $t=\tan\theta$ と置換する．積分区間はいずれも

$\left[0,\ \frac{\pi}{2}\right]$ となる．

$n\to\infty$ のとき

（左辺）

$$=\sqrt{n}\int_0^{\frac{\pi}{2}}\cos^{2n}\theta\cos\theta d\theta=\sqrt{n}I_{2n+1}$$

$$=\sqrt{\frac{n}{2n+1}}\sqrt{2n+1}I_{2n+1}\to\sqrt{\frac{1}{2}}\cdot\sqrt{\frac{\pi}{2}}=\frac{\sqrt{\pi}}{2}$$

（右辺）

$$=\sqrt{n}\int_0^{\frac{\pi}{2}}\cos^{2n}\theta\frac{1}{\cos^2\theta}d\theta=\sqrt{n}I_{2n-2}$$

$$=\sqrt{\frac{n}{2n-2}}\sqrt{2n-2}I_{2n-2}\to\sqrt{\frac{1}{2}}\cdot\sqrt{\frac{\pi}{2}}=\frac{\sqrt{\pi}}{2}$$

であるから，はさみうちの原理より

$$\int_0^{\infty}e^{-x^2}dx=\frac{\sqrt{\pi}}{2} \quad \therefore \quad \int_{-\infty}^{\infty}e^{-x^2}dx=\sqrt{\pi}$$

■

広義積分だが，高校数学の直接の延長線上にある計算ばかりだった．これで $f(x)=\frac{1}{\sqrt{\pi}}e^{-x^2}$ が正規分布の基本となることが分かった．x という値をとる確率が $f(x)$ で与えられ，全確率が1になるようになっている，ということである．

山の真ん中が $x=0$ にあるから，平均は0となる．積分で表現すると，「"値と確率の積" の和」が期待値であるから，関数版では「$xf(x)$ の積分」が期待値になる．

$$(\text{期待値})=\int_{-\infty}^{\infty}xe^{-x^2}dx$$

である．$xf(x)$ が奇関数であるから，これは0である．

さて，教科書などを紐解くと，正規分布の定義では

$$f(x)=\frac{1}{\sqrt{2\pi}\sigma}e^{-\frac{(x-m)^2}{2\sigma^2}}$$

という関数を利用している．$(\text{指数})=-\frac{(x-m)^2}{2\sigma^2}$ である．

全確率は1になっているのだろうか？また，この m，σ にはどんな意味があるのだろうか？ m が期待値で，σ が標準偏差と書かれているが…

まず，全確率を計算しよう．$t=\frac{x-m}{\sqrt{2}\sigma}$ と置換する．

積分区間は置換しても $(-\infty, \infty)$ である．

（全確率）

$$=\int_{-\infty}^{\infty} f(x)dx=\frac{1}{\sqrt{2\pi}\sigma}\int_{-\infty}^{\infty} e^{-t^2}(\sqrt{2}\sigma)dt$$
$$=\frac{1}{\sqrt{\pi}}\int_{-\infty}^{\infty} e^{-t^2}dt=1$$

引き続き，m，σ について．m が期待値，σ が標準偏差であることを積分で確認してみよう．

$f(x)=\dfrac{1}{\sqrt{2\pi}\sigma}e^{-\frac{(x-m)^2}{2\sigma^2}}$ のグラフで山の真ん中が $x=m$ にあるから，m は期待値になっているはずである．これを，先ほどと同じ置換積分で厳密に確認しておこう．

（期待値）

$$=\int_{-\infty}^{\infty} xf(x)dx$$
$$=\frac{1}{\sqrt{2\pi}\sigma}\int_{-\infty}^{\infty}(\sqrt{2}\sigma t+m)e^{-t^2}(\sqrt{2}\sigma)dt$$
$$=\frac{\sqrt{2}\sigma}{\sqrt{\pi}}\int_{-\infty}^{\infty} te^{-t^2}dt+\frac{m}{\sqrt{\pi}}\int_{-\infty}^{\infty} e^{-t^2}dt$$
$$=0+m=m$$

最後に，σ が標準偏差であること，つまり，分散が σ^2 になることを確認する．「“平均との差” の 2 乗」の期待値であるから，$(x-m)^2f(x)$ の積分が分散である．これまでと同じ置換を施し，さらに，部分積分も行う．

（分散）

$$=\frac{1}{\sqrt{2\pi}\sigma}\int_{-\infty}^{\infty}(x-m)^2 e^{-\frac{(x-m)^2}{2\sigma^2}}dx$$
$$=\frac{1}{\sqrt{2\pi}\sigma}\int_{-\infty}^{\infty} 2\sigma^2 t^2 e^{-t^2}(\sqrt{2}\sigma)dt$$

$$=\frac{\sigma^2}{\sqrt{\pi}}\int_{-\infty}^{\infty}t(-e^{-t^2})'dt$$
$$=\frac{\sigma^2}{\sqrt{\pi}}\left(\left[-te^{-t^2}\right]_{-\infty}^{\infty}-\int_{-\infty}^{\infty}(-e^{-t^2})dt\right)$$
$$=\frac{\sigma^2}{\sqrt{\pi}}\left(0+\sqrt{\pi}\right)=\sigma^2$$

これで確認できた.

最初の $f(x)=\frac{1}{\sqrt{\pi}}e^{-x^2}$ では，平均は0で，標準偏差は

$$\sqrt{2}\sigma=1 \quad \therefore \quad \sigma=\frac{1}{\sqrt{2}}$$

である．また，$m=0$，$\sigma=1$ のときの

$$f(x)=\frac{1}{\sqrt{2\pi}}e^{-\frac{x^2}{2}}$$

が表す確率分布を「標準正規分布」という．正規分布表に登場するものである (正規分布表については後ほど).

正規分布表の有用性を理解するために，もう 1 つ正規分布の素敵な性質を証明しておこう．本書でも何回も使ってきた.

問題 3. $f(x)=\frac{1}{\sqrt{2\pi}\sigma}e^{-\frac{(x-m)^2}{2\sigma^2}}$ とする．任意の実数 s に対して,

$$\int_{m}^{m+s\sigma}f(x)dx=\frac{1}{\sqrt{2\pi}}\int_{0}^{s}e^{-\frac{x^2}{2}}dx$$

となることを示せ.

標準正規分布に帰着させたいので，これまでと少し違い $t=\frac{x-m}{\sigma}$ と置換する.

$$(左辺) = \frac{1}{\sqrt{2\pi}\sigma}\int_0^s e^{-\frac{t^2}{2}}\sigma dt = \frac{1}{\sqrt{2\pi}}\int_0^s e^{-\frac{t^2}{2}}dt$$

$$= (右辺)$$

■

これは重要な関係である．第1章でも確認したが，改めて説明していこう．

正規分布表

u	.00	.01	.02
0.0	0.0000	0.0040	0.0080
0.1	0.0398	0.0438	0.0478
0.2	0.0793	0.0832	0.0871

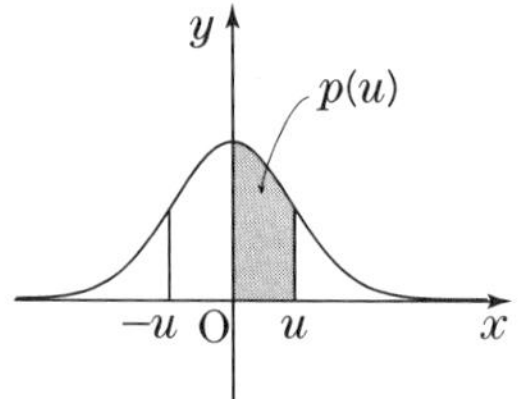

には右のような図が添えられている．標準正規分布で $0 \sim u$ の面積 $p(u)$ を求めるための表である．例えば，表の色を付けた部分は，0.1 と .02 がクロスする枠なので，$u = 0.12$ であり，

$$\frac{1}{\sqrt{2\pi}}\int_0^{0.12} e^{-\frac{x^2}{2}}dx = 0.0478$$

ということである．

標準偏差が1とは限らない場合の計算法則が，問題3で示した式である．

$$\frac{1}{\sqrt{2\pi}\sigma}\int_m^{m+0.12\sigma} e^{-\frac{(x-m)^2}{2\sigma^2}}dx = 0.0478$$

> 平均から標準偏差 s 個分離れたところまでの面積がどんな σ でも等しくなる．

だから，標準正規分布での面積を求めることができたら十分なのである．

さて，正規分布表の $u = 1.00$ の枠には 0.3413 と書いてある．

$u = 1.00$ を『偏差値』の言葉で言うと，標準偏差 1 つ分だけ平均より高得点だから，偏差値 60 である (得点が σ だけ変化したら，偏差値は 10 変化する).

正規分布に従うと仮定すると，偏差値が 50 ～ 60 の人が全体の 34.13% を占めるのである ($u = 1.00$ の枠にある 0.3413 は，そういう意味である). 現実には，厳密に正規分布に従っていることはないから，あくまで目安にしておきたい．一方，

受験人数が多いと，得点分布は正規分布に近づく

ことが知られている．

これを『中心極限定理』という．

厳密な証明は難しいので，それを実感できる例を挙げておく．

そのために，二項分布についても，改めて確認しておこう．

●二項分布●

各回で A が起きる確率が p $(0 < p < 1)$ であるような試行を n 回繰り返すとき，A がちょうど k 回起きる確率は

$$ {}_n\mathrm{C}_k p^k (1-p)^{n-k} $$

である．これが二項分布である．k を確率変数 X と定め，その期待値と分散を求めてみよう．第 1 章で何度もやったが，大事なので，もう一回．

確率変数 X_m $(1 \leqq m \leqq n)$ を m 回目に A が起きれば 1，起きなければ 0

という値をとるものとする．すると，

$$X = X_1 + \cdots\cdots + X_n$$

である．

$$E(X_k) = 1 \cdot p + 0 \cdot (1-p) = p$$

$$V(X_m) = (1-p)^2 p + (0-p)^2 (1-p) = p(1-p)$$

である．各回の試行は独立であるから，

$$E(X) = E(X_1) + \cdots\cdots + E(X_n) = np$$

$$V(X) = 1^2 V(X_1) + \cdots\cdots + 1^2 V(X_n) = np(1-p)$$

例えば，$p = \dfrac{1}{3}$，$n = 99$ としよう．期待値は $np = 33$ である．

実は $0 \leqq k \leqq 99$ の中で，$k = 33$ となる確率が最大である．その値は，コンピュータに計算させると

$$\frac{{}_{99}\mathrm{C}_{33} 2^{66}}{3^{99}} = 0.0848\cdots\cdots$$

である．約 8.5% である．

このとき，分散が $np(1-p) = 22$ で，標準偏差は $\sqrt{22} = 4.6904\cdots\cdots$ である．k が標準偏差 1 つ分の範囲

$$33 - 4.6904\cdots\cdots \leqq k \leqq 33 + 4.6904\cdots\cdots$$

$$\therefore \quad 29 \leqq k \leqq 37$$

に入る確率を求めてみよう．これもコンピュータの力を借りると，確率は

$$0.6626\cdots\cdots$$

となる．片側に入る確率としては，これの半分の

$$0.3313\cdots\cdots$$

と概算することができる．

ここで，正規分布表を思い出す．

$u=1.0$ のとき $p(1.0)=0.3413$ であった．0.3313……と近い数字である．これが，中心極限定理：

標本数が多いとき，二項分布は正規分布で近似できる

である．二項分布として「期待値と標準偏差」を求め，それに対応する正規分布で近似するのである．

中心極限定理を実感するためにグラフを用いることが多いが，ここでは計算で実感してみる．

$p=\frac{1}{2}$ のとき，試行を $2n$ 回繰り返すとする．すると，確率が最大になるのは，$P(X=n)=\frac{{}_{2n}\mathrm{C}_n}{2^{2n}}$ である．

平均が $m=n$，標準偏差が $\sigma=\sqrt{2n\cdot\frac{1}{2}\cdot\frac{1}{2}}=\sqrt{\frac{n}{2}}$ であるから，分布を密度関数

$$f(x)=\frac{1}{\sqrt{2\pi}\sigma}e^{-\frac{(x-m)^2}{2\sigma^2}}=\frac{1}{\sqrt{n\pi}}e^{-\frac{(x-n)^2}{n}}$$

で近似する．$x=n$ のとき，$f(n)=\frac{1}{\sqrt{n\pi}}$ である．

$$P(X=n)\fallingdotseq f(n)\quad \text{つまり}\quad \frac{{}_{2n}\mathrm{C}_n}{2^{2n}}\fallingdotseq\frac{1}{\sqrt{n\pi}}$$

を確認できれば，定理の成立を実感できる．

$$\frac{{}_{2n}\mathrm{C}_n}{2^{2n}}=\frac{(2n)!}{n!n!}\cdot\frac{1}{2^{2n}}$$
$$=\frac{2n\cdot(2n-1)\cdot\cdots\cdot2\cdot1}{(n\cdot(n-1)\cdot\cdots\cdot2\cdot1)^2 2^{2n}}$$

$$=\frac{\{2n\cdot(2n-2)\cdot\cdots\cdot 2\}\cdot\{(2n-1)(2n-3)\cdot\cdots\cdot 3\cdot 1\}}{(2n\cdot(2n-2)\cdot\cdots\cdot 2)^2}$$
$$=\frac{(2n-1)(2n-3)\cdot\cdots\cdot 3\cdot 1}{2n\cdot(2n-2)\cdot\cdots\cdot 2}$$
$$=\frac{2n-1}{2n}\cdot\frac{2n-3}{2n-2}\cdot\cdots\cdot\frac{3}{4}\cdot\frac{1}{2}$$

であるが，ここから $I_n=\int_0^{\frac{\pi}{2}}\cos^n\theta d\theta\ (n\geqq 0)$ を連想する．**問題** 2 より，

$I_0=\frac{\pi}{2}$ と漸化式 $I_{n+2}=\frac{n+1}{n+2}I_n$ が成り立つことから，

$$\begin{aligned}I_{2n}&=\frac{2n-1}{2n}I_{2n-2}\\&=\frac{2n-1}{2n}\cdot\frac{2n-3}{2n-2}I_{2n-4}\\&=\cdots\cdots\cdots\\&=\frac{2n-1}{2n}\cdot\frac{2n-3}{2n-2}\cdot\cdots\cdot\frac{1}{2}I_0\\&=\frac{{}_{2n}\mathrm{C}_n}{2^{2n}}\cdot\frac{\pi}{2}\end{aligned}$$

であり，$\lim_{n\to\infty}\sqrt{n}I_n=\sqrt{\frac{\pi}{2}}$ である．よって，十分大きい n で

$$\sqrt{2n}I_{2n}\fallingdotseq\sqrt{\frac{\pi}{2}}$$
$$\sqrt{2n}\,\frac{{}_{2n}\mathrm{C}_n}{2^{2n}}\cdot\frac{\pi}{2}\fallingdotseq\sqrt{\frac{\pi}{2}}$$
$$\frac{{}_{2n}\mathrm{C}_n}{2^{2n}}\fallingdotseq\frac{1}{\sqrt{n\pi}}$$

と見ることができる．

※これを一般化して，他の k や一般的な p に対して議論することは難しい．一般には，特性関数とか母関数と呼ばれる関数を利用して証明することになる．

2.1.2 微分・積分・偏微分・変分

微分，積分はよく知っているだろうが，偏微分はどうだろう？これを知っている人でも，変分はどうだろうか？進んだ物理を学んでいる人にとってはおなじみのものである．データサイエンスやAIの分野でも必須の理論となっている．

本項では，簡単にではあるが，変分の考え方を解説し，懸垂線を考えるところまでいってみたい．ヒモの両端を天井に固定するときに，ヒモがどんな形状に落ち着くかを考えるのである．最も安定する形状を表す関数を特定するために，変分を用いる．

まずは，1次近似の確認から．

問題 1. $y=e^x$ の $x=2$ の点における接線を利用して，$e^{2.1}$ の値を概算せよ．ただし，$e\fallingdotseq 2.72$ とせよ．

$(e^x)'=e^x$ であるから，接線の傾きは e^2．接線は

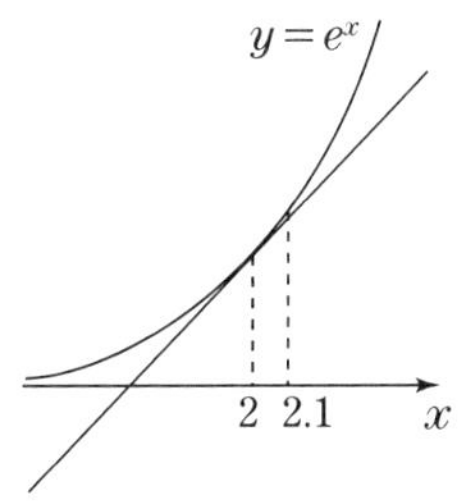

$$y=e^2(x-2)+e^2$$

$$\therefore \quad y=e^2x-e^2$$

$x\fallingdotseq 2$ のとき $e^x\fallingdotseq e^2x-e^2$ であるから，

$$e^{2.1}\fallingdotseq 1.1e^2\fallingdotseq 8.13824\fallingdotseq 8.14$$

■

真の値は $e^{2.1}=8.1661\cdots\cdots$ である．$y=e^x$ のグラフは下に凸であるから，すべての実数 x で

$$e^x \geqq e^2x - e^2$$

である．上記の近似では，真の値よりも小さい値になる．

微分のベースは「曲線の直線による近似」である．横線で近似できるところが極値や最大・最小値をとる点の候補となる．これは多変数になっても同じである．

問題 2.　x，y がすべての実数を動くとき，

$$F(x,\ y) = x^2 - 2xy + 2y^2 - 2x + 6y + 3$$

の最小値とそのときの x，y を求めよ．

解

平方完成すると

$$F(x,\ y) = \{x - (y+1)\}^2 + (y+2)^2 - 2$$

であるから，$x = y + 1$，$y = -2$ つまり，$x = -1$，$y = -2$ で最小値 -2 をとる．

■

右図は $z = F(x,\ y)$ が表す曲面である．$(-1,\ -2,\ -2)$ で平面 $z = -2$ に接する放物面である．接すると言えば，微分である．1 文字固定して，他の文字で微分してみよう (偏微分)．y を固定して x で微分したものを $F_x(x,\ y)$ と表す．

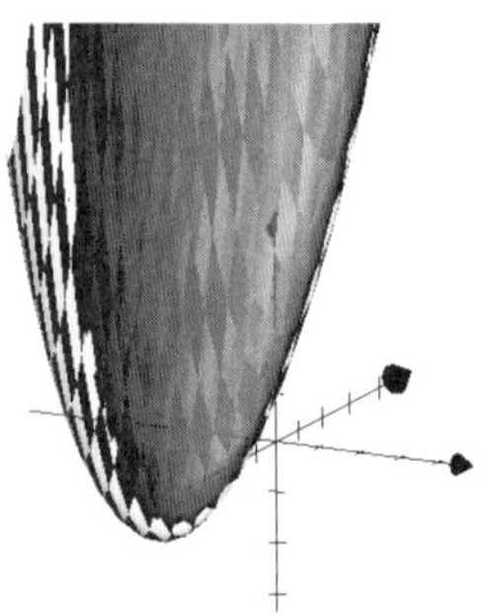

別解　y を固定して，$F(x,\ y)$ を x で微分すると

$$F_x(x,\ y) = 2x - 2y - 2$$

x を固定して，$F(x,\ y)$ を y で微分すると

$$F_y(x,\ y) = -2x + 4y + 6$$

これらがいずれも 0 になるのは，

$$2x - 2y - 2 = 0,\ -2x + 4y + 6 = 0$$

$$\therefore \quad (x,\ y) = (-1,\ -2)$$

このとき，$F(-1,\ -2) = -2$ である．これが最小値かどうかはまだ分からない．しかし，最小値があるとしたら，これしかない．本当に最小値であることは，先ほどのように平方完成して示すのが手っとり早い．

■

「結局，平方完成するのか !?」と思われただろうが，最小値の存在を前提としてやるときには，これは便利な方法である．定義域が有限で閉じた範囲であるときなどである．次は，そんなケース．“ふつう”には解かない！

問題 3.　$x,\ y$ が $x^2 + y^2 = 1$ を満たして動くとき，

$$F(x,\ y) = 2x + 3y$$

の最小値とそのときの $x,\ y$ を求めよ．

高校数学では，$2x + 3y = k$ とおき，この直線が単位円 $x^2 + y^2 = 1$ と共有点をもつような k の条件を考える．第 3 象限で接するときの k が最小値である．

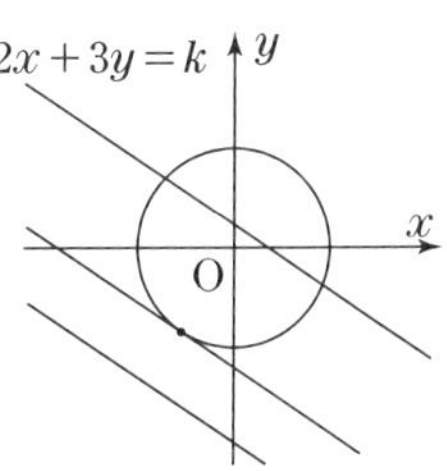

これを偏微分でやってみよう．こういうときは，“ラグランジュの未定乗数法”を使う．

新しい変数 λ を設定し，

$$G(x,\ y,\ \lambda)=F(x,\ y)-\lambda(x^2+y^2-1)$$

とおく．まず，これが最小になる $(x,\ y,\ \lambda)$ を考える．答えがあるという前提で考えるから，

$$G_x(x,\ y,\ \lambda)=0 \quad \therefore \quad F_x(x,\ y)-2x\lambda=0$$

$$G_y(x,\ y,\ \lambda)=0 \quad \therefore \quad F_y(x,\ y)-2y\lambda=0$$

$$G_\lambda(x,\ y,\ \lambda)=0 \quad \therefore \quad -(x^2+y^2-1)=0$$

を満たすものを探すことになる．3つ目の式が，元々の条件式と同じになっているのがポイントである．

$x^2+y^2=1$ のもとで考える $F(x,\ y)$ は，$G(x,\ y,\ \lambda)$ の一部分になっているから，$G(x,\ y,\ \lambda)$ の最小値は，考えたい最小値以下になる．一方で，$G(x,\ y,\ \lambda)$ が最小値をとるときに $x^2+y^2=1$ が成り立っているから，それが考えたい最小値である．これが“ラグランジュの未定乗数法”である．

$$2-2x\lambda=0,\ 3-2y\lambda=0,\ x^2+y^2=1$$

を解くと，

$$(x,\ y,\ \lambda)=\left(\pm\frac{2}{\sqrt{13}},\ \pm\frac{3}{\sqrt{13}},\ \pm\frac{\sqrt{13}}{2}\right)$$

である（複号同順）．代入して確認すると，最小値は

$$F\left(-\frac{2}{\sqrt{13}},\ -\frac{3}{\sqrt{13}}\right)=-\sqrt{13}$$

■

再び $F(x,\ y)=x^2-2xy+2y^2-2x+6y+3$ に戻って，偏微分の図形的な意味を考えてみよう．最初に見たように，1次式での近似が本質である．

曲面 $z=F(x,\ y)$ 上に点 $(a,\ b,\ c)$ をとる．y を固定した偏微分

$$F_x(x,\ y)=2x-2y-2$$

からは，平面 $y=b$ で曲面を切って得られる曲線

$$z=x^2-2bx+2b^2-2x+6b+3,\ y=b$$

のこの平面内での接線の傾きが分かる．

$$F_x(a,\ b)=2a-2b-2$$

接線は

$$z=(2a-2b-2)(x-a)+c,\ y=b$$

である．同様に，平面 $x=a$ 上での接線は

$$z=(-2a+4b+6)(y-b)+c,\ x=a$$

この 2 つの接線の方向ベクトル

$$(1,\ 0,\ 2a-2b-2),\ (0,\ 1,\ -2a+4b+6)$$

が，$z=F(x,\ y)$ の $(a,\ b,\ c)$ における接平面を張る．両方と垂直な

$$(2a-2b-2,\ -2a+4b+6,\ -1)$$

が接平面の法線ベクトルの 1 つで，方程式は

$$z=(2a-2b-2)(x-a)+(-2a+4b+6)(y-b)+c$$

である．$c=F(a,\ b)$ だから，これは，$(x,\ y)=(a,\ b)$ の周辺で

$$F(x,\ y)\fallingdotseq F(a,\ b)+(2a-2b-2)(x-a)+(-2a+4b+6)(y-b)$$

と 1 次近似できる，と解釈することもできる．また，

$$F_x(x,\ y)=0,\ F_y(x,\ y)=0$$

を満たす $(a,\ b)=(-1,\ -2)$ のときの接平面が $z=-2$ で，放物面はこの平面の上に乗っている．そして，これが最小値である．曲線では接線の傾きが 0 になる点が最大値や最小値になる点の候補になる．それと同様である．

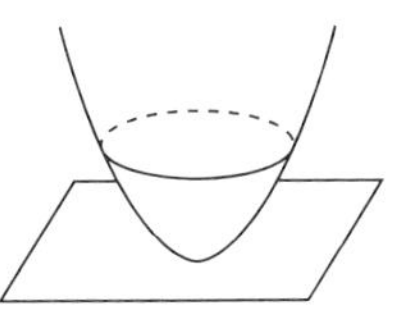

ここから変分の話．少しややこしい．

問題 4．何回でも微分できる関数 $f(x)$ で

$$f(0)=0,\ f(1)=1$$

を満たすものを考える．考えうるすべての $f(x)$ の中で

$$I=\int_0^1 \{x^2+(f(x))^2+(f'(x))^2\}\,dx$$

の値を最小にするものを求めよ（存在については議論せず，存在を前提として“微分が 0”になる関数を特定する）．

結論を書いておくと，

$$F_y(x,\ f(x),\ f'(x))-\frac{d}{dx}\Big(F_z(x,\ f(x),\ f'(x))\Big)=0$$

を満たすことが条件である．ここで，$F(x,\ y,\ z)=x^2+y^2+z^2$ であり，具体的に計算すると

$$F_y(x,\ y,\ z)=2y,\ F_z(x,\ y,\ z)=2z,$$

$$F_y(x,\ f(x),\ f'(x))=2f(x),$$

$$F_z(x,\ f(x),\ f'(x))=2f'(x),$$

$$\frac{d}{dx}\Big(F_z(x,\ f(x),\ f'(x))\Big)=2f''(x)$$

で，上の式は

$$2f(x)-2f''(x)=0$$

である．これを頑張って導いてみる．追いかけるのは大変だから，サラッと読み流してもらっても構わない．

では，いってみよう．

“グラフの変化量”で微分するイメージである．

何回でも微分できる関数 $\varphi(x)$ で

$$\varphi(0)=\varphi(1)=0$$

を満たすものをとる．任意の実数 ε に対して

$$f(x)+\varepsilon\varphi(x)$$

は，I を考える対象となる関数である．

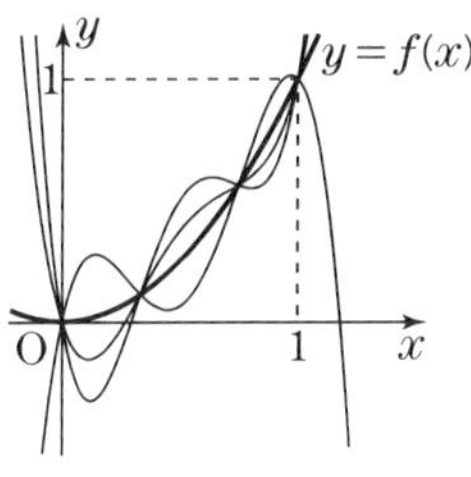

I が $f(x)$ で最小になる条件を考える．$\varphi(x)$ を固定するとき，

$$\int_0^1 \{x^2+(f(x)+\varepsilon\varphi(x))^2+(f'(x)+\varepsilon\varphi'(x))^2\}\,dx$$

を ε の関数と見ることができる．これを $I(\varepsilon)$ とおく．I を最小にする関数が $f(x)$ であるとき，$I(\varepsilon)$ は $\varphi(x)$ によらず $\varepsilon=0$ で最小になる．そこで，

$$I'(0)=0 \quad \cdots\cdots(*)$$

となる条件を考える．これで $\varphi(x)$ を固定したときのことが分かる．ということで，すべての $\varphi(x)$ で $(*)$ が成り立つ $f(x)$ を考えれば良いと分かる．

実際にやってみよう．$I(\varepsilon)$ を ε で微分する（極限と積分の計算順序の変更が可能な関数であると仮定しておく）．

$$\begin{aligned}
&\frac{I(\varepsilon)-I(0)}{\varepsilon}\\
&=\frac{1}{\varepsilon}\int_0^1 \{x^2+(f(x)+\varepsilon\varphi(x))^2+(f'(x)+\varepsilon\varphi'(x))^2\\
&\qquad\qquad -\{x^2+(f(x))^2+(f'(x))^2\}\}dx\\
&=2\int_0^1 \{f(x)\varphi(x)+f'(x)\varphi'(x)\}dx\\
&\qquad\qquad +\varepsilon\int_0^1 \{(\varphi(x))^2+(\varphi'(x))^2\}dx\\
&\to 2\int_0^1 \{f(x)\varphi(x)+f'(x)\varphi'(x)\}dx=I'(0) \quad (\varepsilon\to 0)
\end{aligned}$$

$I'(0)=0$ を考える．後半を部分積分すると，$\varphi(0)=\varphi(1)=0$ を代入できて，

$$I'(0)=2\int_0^1\{f(x)\varphi(x)+f'(x)\varphi'(x)\}dx$$
$$=2\left(\int_0^1 f(x)\varphi(x)dx\right.$$
$$\left.+[f'(x)\varphi(x)]_0^1-\int_0^1 f''(x)\varphi(x)dx\right)$$
$$=2\int_0^1\{f(x)-f''(x)\}\varphi(x)dx$$

である．よって，(*) を満たす条件は

$$\int_0^1\{f(x)-f''(x)\}\varphi(x)dx=0$$

である．これがすべての $\varphi(x)$ で成り立つ条件は

$$f(x)-f''(x)=0 \quad \cdots\cdots(\#)$$

である．これが，考えるべき条件である．一般論では，これが

$$F_y(x,\ f(x),\ f'(x))-\frac{d}{dx}\Big(F_z(x,\ f(x),\ f'(x))\Big)=0$$

となる．それは，後ほど．

$f(x)$ を求めておこう．

微分方程式論によると，(#) を満たす関数は，後で導くように

$$f(x)=ae^x+be^{-x}$$

と表すことができると分かる (a，b は実数)．

$$f(0)=0,\ f(1)=1$$

より

$$a+b=0,\ ae+be^{-1}=1$$

$$\therefore\quad a=\frac{e}{e^2-1},\ b=-\frac{e}{e^2-1}$$

で，$f(x)=\dfrac{e(e^x-e^{-x})}{e^2-1}$ である．

■

微分方程式

$$f(x)-f''(x)=0 \quad \cdots\cdots(\#)$$

を解いてみよう．対数の微分を利用する方法もあるが，指数関数をかける方法でやってみる．この方法は真数条件などを気にせずに済む．

(#) は以下のように変形できる：

$$f''(x)=f(x)$$

$$f''(x)+f'(x)=f'(x)+f(x)$$

$$(f'(x)+f(x))'=f'(x)+f(x)$$

$$e^{-x}(f'(x)+f(x))'=e^{-x}(f'(x)+f(x))$$

$$e^{-x}(f'(x)+f(x))'-e^{-x}(f'(x)+f(x))=0$$

$$\{e^{-x}(f'(x)+f(x))\}'=0$$

$e^{-x}(f'(x)+f(x))$ は微分すると 0 になるから，定数関数である．

$$e^{-x}(f'(x)+f(x))=A$$

$$\therefore \quad f'(x)+f(x)=Ae^{x} \quad \cdots\cdots \quad ①$$

とおける．また，

$$f''(x)-f'(x)=-(f'(x)-f(x))$$

$$e^{x}(f'(x)-f(x))'+e^{x}(f'(x)-f(x))=0$$

$$\{e^{x}(f'(x)-f(x))\}'=0$$

$$e^{x}(f'(x)-f(x))=B$$

$$\therefore \quad f'(x)-f(x)=Be^{-x} \quad \cdots\cdots \quad ②$$

とおける．

①，②から，

$$f(x)=ae^{x}+be^{-x}$$

とおけることが分かる．

このようにして，被積分関数が$F(x,\ f(x),\ f'(x))$と表されるような積分値を最小にする関数を特定するのが，変分の基本である．この例では

$$F(x,\ y,\ z)=x^2+y^2+z^2$$

である．(#) を作る部分を公式化しておこう．オイラー方程式と呼ばれる微分方程式である．

$$\begin{aligned}&\frac{I(\varepsilon)-I(0)}{\varepsilon}\\&=\frac{1}{\varepsilon}\int_0^1\{F(x,\ f(x)+\varepsilon\varphi(x),\ f'(x)+\varepsilon\varphi'(x))\\&\qquad\qquad-F(x,\ f(x),\ f'(x))\}dx\end{aligned}$$

において，先ほど登場した「偏微分を利用した1次近似」を利用する．

$p,\ q,\ r\fallingdotseq 0$のとき

$$\begin{aligned}&F(a+p,\ b+q,\ c+r)\\&\fallingdotseq F(a,\ b,\ c)+F_x(a,\ b,\ c)p\\&\quad+F_y(a,\ b,\ c)q+F_z(a,\ b,\ c)r\end{aligned}$$

である．$p=0,\ q=\varepsilon\varphi(x),\ r=\varepsilon\varphi'(x)$とすると，$\varepsilon\fallingdotseq 0$のとき

$$\begin{aligned}&\frac{I(\varepsilon)-I(0)}{\varepsilon}\\&\fallingdotseq\frac{1}{\varepsilon}\int_0^1\{F_y(x,\ f(x),\ f'(x))\varepsilon\varphi(x)\\&\qquad\qquad+F_z(x,\ f(x),\ f'(x))\varepsilon\varphi'(x)\}dx\end{aligned}$$

で，極限をとると

$$\begin{aligned}I'(\varepsilon)&=\int_0^1\{F_y(x,\ f(x),\ f'(x))\varphi(x)\\&\qquad+F_z(x,\ f(x),\ f'(x))\varphi'(x)\}dx\\&=\int_0^1F_y(x,\ f(x),\ f'(x))\varphi(x)dx\\&\qquad+\Big[F_z(x,\ f(x),\ f'(x))\varphi(x)\Big]_0^1\\&\qquad-\int_0^1\frac{d}{dx}\Big(F_z(x,\ f(x),\ f'(x))\Big)\varphi(x)dx\end{aligned}$$

$$= \int_0^1 \{F_y(x,\ f(x),\ f'(x)) - \frac{d}{dx}\Big(F_z(x,\ f(x),\ f'(x))\Big)\}\varphi(x)dx$$

である (極限で “≒” が “=” に変わることは認めることにする). これがすべての $\varphi(x)$ で 0 になる条件は

$$F_y(x,\ f(x),\ f'(x)) - \frac{d}{dx}\Big(F_z(x,\ f(x),\ f'(x))\Big) = 0$$

である. これがオイラー方程式である. 長々とやってきたが, すべてはこの式を作るためである.

では, 本丸の懸垂線 (カテナリー) を攻めていこう.

問題 5. 長さ L のヒモの両端を天井に固定するときに, どんな形状に落ち着くかを考える. それは, 位置エネルギーの総和が最小になる形状である. ヒモの形状は

$$y = f(x) \quad (-a \leqq x \leqq a)$$

と表せる ($f(-x) = f(x)$, $f(a) = h$).

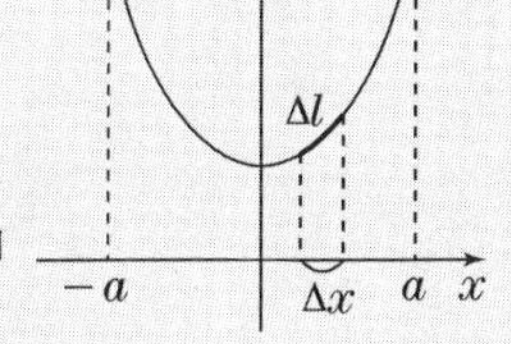

$$\Delta l \fallingdotseq \sqrt{1 + \{f'(x)\}^2}\,\Delta x$$

であるから, 次が位置エネルギーの総和を考えるための積分である :

$$\int_{-a}^{a} f(x)\sqrt{1 + \{f'(x)\}^2}\,dx$$

これをヒモの長さに関する条件

$$L = \int_{-a}^{a} \sqrt{1 + \{f'(x)\}^2}\,dx \quad \cdots\cdots(\#)$$

のもとで考える．エネルギーが最小になる $f(x)$ を求めよ（解の存在は仮定する）．

解

こういう条件付きの関数を考えるときは，ラグランジュの未定乗数法の出番である．

$$\int_{-a}^{a} f(x)\sqrt{1+\{f'(x)\}^2}\,dx-\lambda\left(\int_{-a}^{a}\sqrt{1+\{f'(x)\}^2}\,dx-L\right)$$
$$=\int_{-a}^{a}\left(f(x)\sqrt{1+\{f'(x)\}^2}-\lambda\left(\sqrt{1+\{f'(x)\}^2}-\frac{L}{2a}\right)\right)dx$$

これが最小になる $f(x)$ を考える．

$$F(x,\ y,\ z)=(y-\lambda)\sqrt{1+z^2}+\lambda\frac{L}{2a}$$
$$F_y(x,\ y,\ z)=\sqrt{1+z^2},\ F_z(x,\ y,\ z)=\frac{(y-\lambda)z}{\sqrt{1+z^2}}$$
$$\frac{d}{dx}F_z(x,\ f(x),\ f'(x))=\frac{d}{dx}\left(\frac{(f(x)-\lambda)f'(x)}{\sqrt{1+\{f'(x)\}^2}}\right)$$
$$=\frac{\{f'(x)\}^4+\{f'(x)\}^2+(f(x)-\lambda)f''(x)}{\left(\sqrt{1+\{f'(x)\}^2}\right)^3}$$

より，オイラー方程式は

$$\sqrt{1+\{f'(x)\}^2}-\frac{\{f'(x)\}^4+\{f'(x)\}^2+(f(x)-\lambda)f''(x)}{\left(\sqrt{1+\{f'(x)\}^2}\right)^3}=0$$

$$\therefore\quad 1+\{f'(x)\}^2-(f(x)-\lambda)f''(x)=0$$

である．これと，(#) から $f(x)$ を特定する．

$g(x)=f(x)-\lambda$ とおくと，

$$1+\{g'(x)\}^2-g(x)g''(x)=0\quad\cdots\cdots(*)$$

である．この両辺を微分して

$$2g'(x)g''(x)-(g'(x)g''(x)+g(x)g'''(x))=0$$

$$\therefore \quad g'(x)g''(x)-g(x)g'''(x)=0$$

が成り立つ．ここで，

$$\left(\frac{g''(x)}{g(x)}\right)'=\frac{g'''(x)g(x)-g''(x)g'(x)}{\{g(x)\}^2}=0$$

であるから，$\dfrac{g''(x)}{g(x)}$ は定数である．これを A とおくと

$$g''(x)=Ag(x)$$

ここで，定性的に，$g(x)>0$ と $g''(x)>0$（つまり，下に凸）である．すると，$A>0$ であり，A は $B>0$ を用いて $A=B^2$ とおくことができる．先ほどと同様，

$$g(x)=pe^{Bx}+qe^{-Bx} \quad \therefore \quad f(x)=pe^{Bx}+qe^{-Bx}+\lambda$$

とおくことができる．$f(-x)=f(x)$ だから $q=p$ で，$f(a)=h$ から

$$f(x)=\frac{e^{Bx}+e^{-Bx}}{2B}+\lambda,\ h=\frac{e^{Ba}+e^{-Ba}}{2B}+\lambda$$

である．さらに，弧長の条件 (#) を考える．

$$f'(x)=\frac{e^{Bx}-e^{-Bx}}{2}$$

$$1+\{f'(x)\}^2=\frac{e^{2Bx}+2+e^{-2Bx}}{4}=\left(\frac{e^{Bx}+e^{-Bx}}{2}\right)^2$$

$$\int_{-a}^{a}\frac{e^{Bx}+e^{-Bx}}{2}dx=\left[\frac{e^{Bx}-e^{-Bx}}{2B}\right]_{-a}^{a}=\frac{e^{Ba}-e^{-Ba}}{B}$$

であるから，$\dfrac{e^{Ba}-e^{-Ba}}{B}=L$ である．

$$h=\frac{e^{Ba}+e^{-Ba}}{2B}+\lambda,\ \frac{e^{Ba}-e^{-Ba}}{B}=L$$

a，h，L は定数で，これを満たす B，λ を求めると，これが求めるべきカテナリーの方程式である．

$B=1$, $\lambda=0$ のときの $f(x)$ が

$$f(x)=\frac{e^x+e^{-x}}{2}=\cosh x$$

で，双曲線関数の1つである．

$$f'(x)=\frac{e^x-e^{-x}}{2}=\sinh x$$
$$\cosh^2 x-\sinh^2 x=1$$

で，$x^2-y^2=1$ の媒介変数表示に利用できる．

■

ここまで変分でやってきたが，最後に「力の釣り合い」でも確認しておこう．

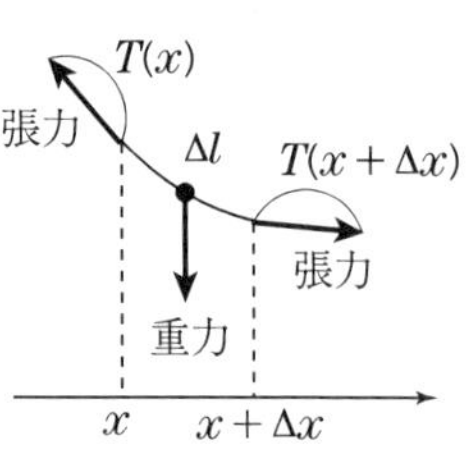

各点での張力の大きさを $T(x)$ と表す．張力は接線方向に働き，重力の大きさは ΔL に比例する．図の部分での力の釣り合いを考えると，正の定数 G を用いて

$$\begin{pmatrix}0\\-G\Delta l\end{pmatrix}-\frac{T(x)}{\sqrt{1+\{f'(x)\}^2}}\begin{pmatrix}1\\f'(x)\end{pmatrix}$$
$$+\frac{T(x+\Delta x)}{\sqrt{1+\{f'(x+\Delta x)\}^2}}\begin{pmatrix}1\\f'(x+\Delta x)\end{pmatrix}=\vec{0}$$

x 成分から，正の定数 C を用いて

$$\frac{T(x)}{\sqrt{1+\{f'(x)\}^2}}=C$$

であり，y 成分は

$$-G\Delta l+C(f'(x+\Delta x)-f'(x))=0$$

$\Delta l \fallingdotseq \sqrt{1+\{f'(x)\}^2}\,\Delta x$ であるから，

$$C\frac{f'(x+\Delta x)-f'(x)}{\Delta x}=G\sqrt{1+\{f'(x)\}^2}$$

$\Delta x \to 0$ の極限を考えて

$$Cf''(x)=G\sqrt{1+\{f'(x)\}^2}$$

$BC=G$ のとき，$f(x)=\dfrac{e^{Bx}+e^{-Bx}}{2B}+\lambda$ がこれを満たすことはすぐに確認できる．

■

様々な最大最小問題を解くために使える偏微分，変分について紹介してきました．

本来はこのような少ないページ数で解説するものではありません．もっともっと深い概念ですから，興味をもってもらえた方は，引き続き勉強していただければと思います．

2.2　考古学への活用

本節では，私の趣味でもある考古学のお話をしていきたいと思います．

まずは，考古学の研究に欠かせない撮影技術について，古墳から出土した銅鏃の撮影を通じて得た知見をまとめています．基礎にある数学についても解説します．

もう一つは，年輪年代学に関する話です．雑誌「大学への数学(東京出版)」の2019年1月号掲載の記事「年輪年代学　～法隆寺百萬塔の年代特定～」を加筆・再編したものになります．ここでは，1300年ほど前に作られた美しい木製品，法隆寺百萬塔に使われた木材の年代測定をしています．年輪幅のパターンから木材の年代を決定する学問で，統計，偏微分など色々な理論を駆使します．その中で，対数をとって考える意味などもお伝えできればと思います．

2.2.1　銅鏃の撮影をめぐり

唐突であるが，「鏃」という漢字は読めるだろうか？「やじり」である．本項では，古墳時代のある銅鏃(どうぞく)の撮影を通じて，考古学を数学的な面から見ていきたい．

しばらく，背景について解説する．お付き合いください(つまらなかったら飛ばしてください…)．

鏃の歴史的は古く，縄文時代に作られ始めた石鏃(せきぞく)が弥生時代まで続いた．矢柄(やがら・棒の部分)に差し込む茎(なかご・突き出た部分)が作られたものもある．アスファルトを接着剤にして矢柄に固定していた例もあるようだ．

弥生時代には，鉄と銅が大陸から導入されて，以降は鏃の素材も変化した(2000 年ほど前). 鉄鏃(てつぞく)と銅鏃(どうぞく)は古墳時代にも作られた.

銅鏃は高い規格性を誇っており, 実用のみならず, 豪族の権威の象徴として捉えられていたようだ. 5 世紀頃(1500 ~ 1600 年ほど前)に規格性が崩れ, その後, 廃れていったようだ(参考文献①). 結局, 最終的に残るのは鉄鏃である. 中世, 近世でも, 使われたのは鉄鏃である.

本項で登場する銅鏃は, 規格性が崩れる瞬間に該当する特異な例であるため, 出土地(または, 同じ鋳型で作られたもの)が推定できるのである.

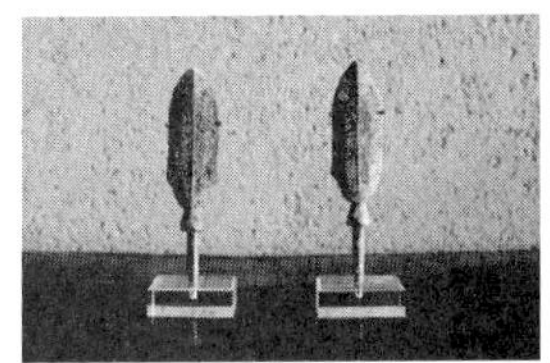

規格性の高い時代の銅鏃は, 全長 5 センチ程度で, 鏃身は, いくつかの決まった曲線を描いているものが多いようだ. この銅鏃は, 全長が 10 センチ以上ある特大品で, まだ規格的カーブは残る. 箆被(のかずき)付柳葉式(やないばしき)と呼ばれる形である. 中央の稜をはさんで一対の凹部を作り出すことが最大の特徴である.

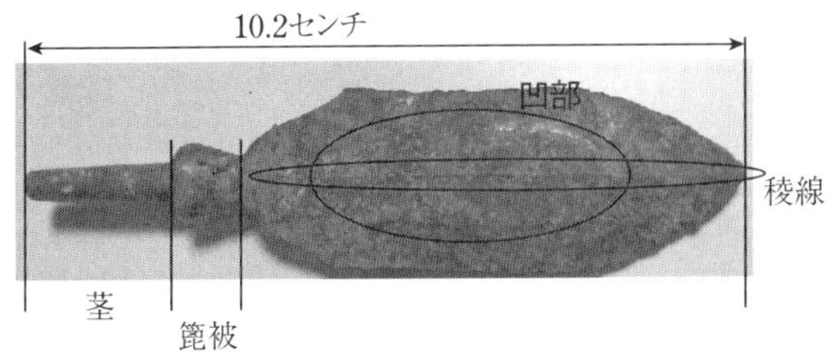

このような銅鏃は, 本品(2 つ)を除くと 5 つしか確認されていない. 3 つは京都府長岡京市の長法寺南原古墳(ちょうほうじみなみばらこふん)

から．古墳時代前期の前方後方墳（鍵穴形の前方後円墳ではなく，前方後円墳の円が正方形になった形）である．残り2つは大阪府柏原市の松岳山古墳（まつおかやまこふん）から．こちらは古墳時代前期の前方後円墳である．これらは同じ鋳型で作られたものだと考えられている．

本品も同じ鋳型で作られたことは間違いないが，出土地は不明である．錆の様子などを見ると，長法寺南原古墳のものとよく似ている．

銅の錆は緑青（ろくしょう）と呼ばれるが，実に美しい．土と絡まって複雑な凹凸がある部分と，金属表面が緑に変色している部分（写真の白っぽい部分）もある．

写真で黒い部分は鮮やかな青．グレーの部分は濃い緑から明るい緑まで，様々な銅塩（酸化銅）が複雑に絡み合っている．

これくらいの写真の撮影や加工は，一般人でもできる．

ここからは研究室でしかできない撮影の話である．まずはX線撮影（写真：大手前大学史学研究所提供）．

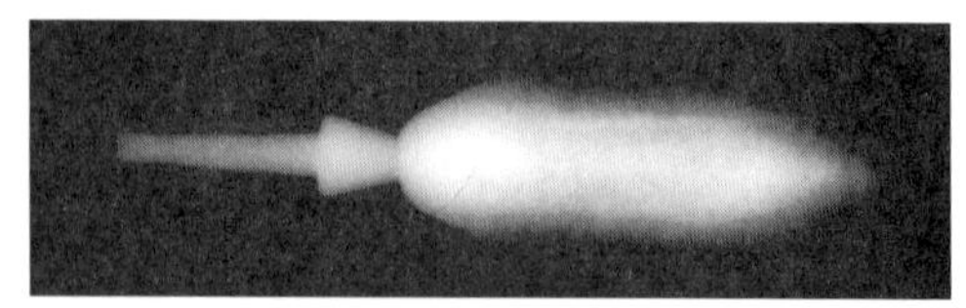

X線は物質を透過するが，素材によって透過率が異なる．密度が高い部分ほどよくX線を吸収し，写真では白く映る．縁の部分にいくほど

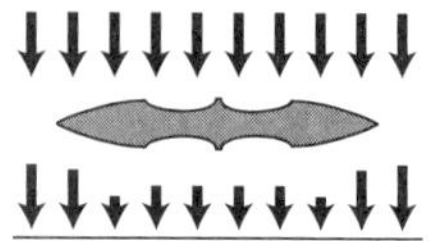

黒くなっているのは，縁は尖っていて厚みが減じているからである．

図で，物質通過後の矢印の線が短くなっているところほど白く，長いままのところほど黒く映るのである．

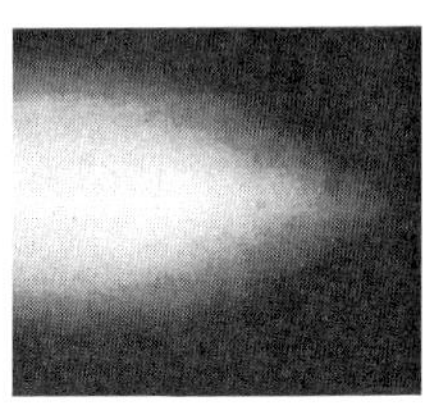

専門家は，この写真のある部分に注目していた．

先端部に黒い円がいくつか見える．部分的に密度が低いのである (巣という)．原因としては，作成時の気泡が残っていると考えられる．そして，そういう現象が起きるのは，いくつかの鏃をつなげて作成する連鋳式で，融けた銅を鋳型に流し込む時の入り口付近であることが多いらしい．このような状況から，作成時の様子を推定するのが考古学である．

そろそろ数学に関わる話にしよう．次は，銅鏃を特殊な方法で撮影した写真である (写真：大手前大学史学研究所提供)．

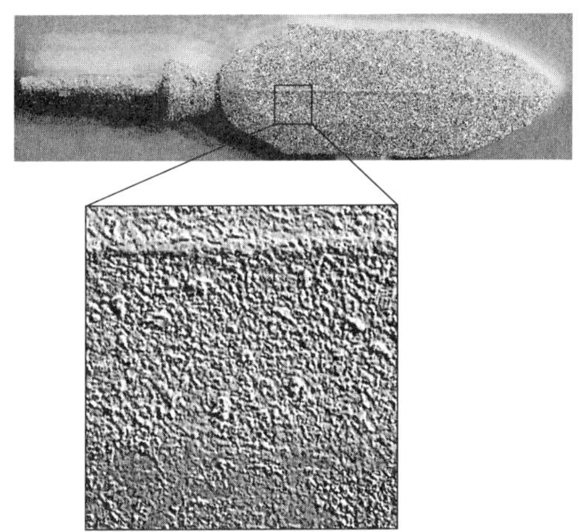

表面の凹凸を正確に読み取って，写真に凹凸データをくっつけること

で 2.5 次元くらいの写真を作っている．土を巻き込んだ錆の凹凸や，稜線の部分が肉眼で見るよりもずっとハッキリ見える．

これがどのようにして撮影されたかを説明しよう．

簡単に言うと，60 枚以上の写真から各点での凹凸を分析して，全体像として統合している．

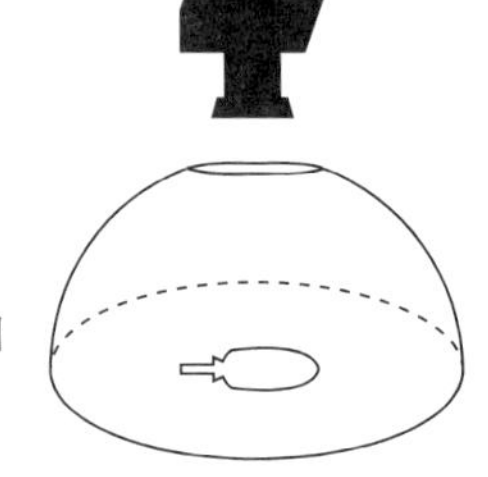

撮影器具は黒い半球状のプラスティック製のドームで，北極部分に穴が開いている．カメラを差し込むためのものである．ドームの内側には，狭い範囲に光を当てるライトが，均等に 60 個ほど取り付けられている．ライトを 1 つずつ点灯させ，それと同時に自動でシャッターを切る仕掛けだ．こうしてライトの個数と同数の写真データを得る．

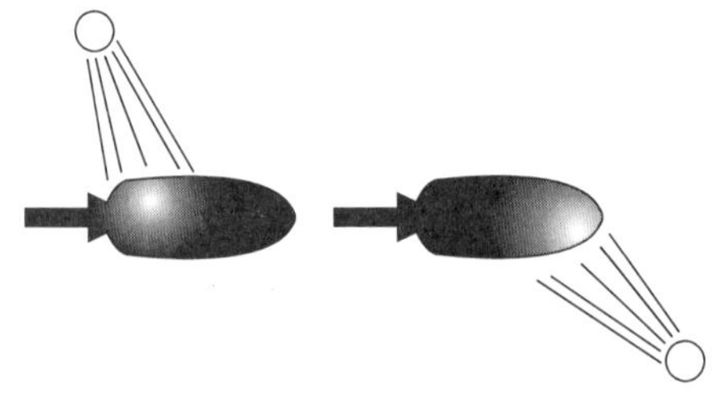

固定された銅鏃が映る各写真では，光が当たっているところだけが明るくなっている．これらから，銅鏃の写真 (2 次元平面内に銅鏃を正射影して得られる領域) 上の各点の高さを求めていく．つまり，

$$z=f(x,\ y)\ \ ((x,\ y,\ 0)\text{ は銅鏃の写真内の点})$$

という 2 変数関数を特定していくのである．この関数は 1 つの曲面 S を定める．

この方法を紹介するのが本項のメインテーマである．

ある写真を考える．その写真を撮影したときに光った光源をLとおく．その写真において，光が当たって最も明るい点$(a,\ b,\ 0)$がある．$\mathrm{A}(a,\ b,\ f(a,\ b))$とすると，「ALの向きがAにおける$S$の法線ベクトルになる」と考えることができる．これを前提にして理論を構築する．

$y\,(x)$を固定して$z=f(x,\ y)$を$x\,(y)$で微分して得られる導関数を

$$\frac{\partial z}{\partial x}=f_x(x\,,\ y)\ \left(\frac{\partial z}{\partial y}=f_y(x\,,\ y)\right)$$

と表す(偏微分と呼ぶのであった．2.1.2項を参照)．

SのAにおける接平面Tを考えると

$$z=f_x(a,\ b)(x-a)+f_y(a,\ b)(y-b)+f(a,\ b)$$

である．これについて，改めて説明しよう．

Sを平面$y=b$で切ると，断面は曲線

$$z=f(x,\ b),\ y=b$$

である．この平面での接線の傾きは$f_x(a,\ b)$で，空間内でのこの方向ベクトルの1つは

$$\vec{u}=(1,\ 0,\ f_x(a,\ b))$$

同様に，Sを平面$x=a$で切ったときの曲線

$$z=f(a,\ y),\ x=a$$

の接線の方向ベクトルの1つは

$$\vec{v}=(0,\ 1,\ f_y(a,\ b))$$

接平面Tは$\vec{u}$，$\vec{v}$で張られる平面だから，法線ベクトル$\vec{n}$はこれらと垂直なベクトルである．例えば，

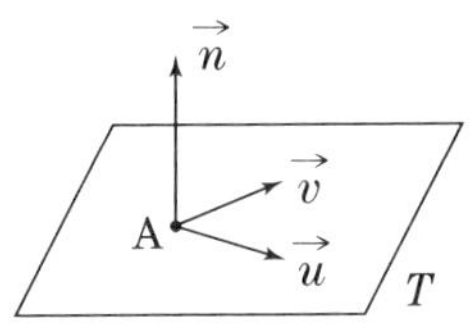
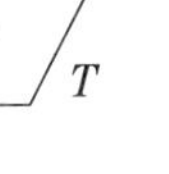

$$\vec{n}=(f_x(a,\ b),\ f_y(a,\ b),\ -1)$$

とすると，

$$\vec{u}\cdot\vec{n}=f_x(a,\ b)+0-f_x(a,\ b)=0$$

$$\vec{v}\cdot\vec{n}=0+f_y(a,\ b)-f_y(a,\ b)=0$$

である．よって，接平面Tの方程式は

$$\vec{n}\cdot(x-a,\ y-b,\ z-f(a,\ b))=0$$

$$\therefore\quad z=f_x(a,\ b)(x-a)+f_y(a,\ b)(y-b)+f(a,\ b)$$

写真の平面 $(z=0)$ におけるベクトル

$$(f_x(a,\ b),\ f_y(a,\ b))$$

を勾配と呼ぶことがある．写真上でこの方向に動くと，接平面T上で一番効率よく上に上がることができるからである．

そして，$(a,\ b,\ f(a,\ b))$ に十分近い範囲では，曲面Sを接平面Tで近似することができる．これを利用して写真の上にある曲面Sを把握していく．つまり，光から各点での法線ベクトルを推定し，接平面を推定して，つなげていく．それを色々な方向から積み上げていくことで，全体としてのバランスがとれるように調整すれば，曲面Sを推定することができる．

特定ではなく，推定という言葉を使った．

発想として，関数$f(x,\ y)$を特定するのではなく，Sを描くことだけを考えるからである．写真上に適当に格子を描き，格子の交点でのz座標を近似的に求めて全体像を描くのである．図を描くための方法だけを考えるから，数学的というよりは工学的である．こういう応用も実学では重要で，数学の一側面である．

ここまで説明してきたが，空間ではイメージが掴みにくい．まず，xy平面での曲線でイメージを掴もう．接線を利用して曲線を再現していく．

問題 1. 関数 $f(x)=x^3-3x$, 正の数 a について考える. n を自然数とし, $d=\dfrac{a}{n}$ とおく.

$$A=\sum_{k=1}^{n} df'(kd),\ B=\sum_{k=0}^{n-1} df'(kd)$$

とおく. $\lim_{n\to\infty} A$, $\lim_{n\to\infty} B$ を求めよ.

解

$f'(x)=3x^2-3$ であるから,

$$\begin{aligned}A&=\sum_{k=1}^{n} d(3k^2d^2-3)\\&=\frac{3d^3n(n+1)(2n+1)}{6}-3dn\\&=\frac{a^3}{2}\left(1+\frac{1}{n}\right)\left(2+\frac{1}{n}\right)-3a\\B&=\sum_{k=0}^{n-1} d(3k^2d^2-3)\\&=\frac{3d^3n(n-1)(2n-1)}{6}-3dn\\&=\frac{a^3}{2}\left(1-\frac{1}{n}\right)\left(2-\frac{1}{n}\right)-3a\end{aligned}$$

である. よって,

$$\lim_{n\to\infty} A=\lim_{n\to\infty} B=a^3-3a$$

である.

■

極限値は $f(a)$ である. A, B は何だろうか?

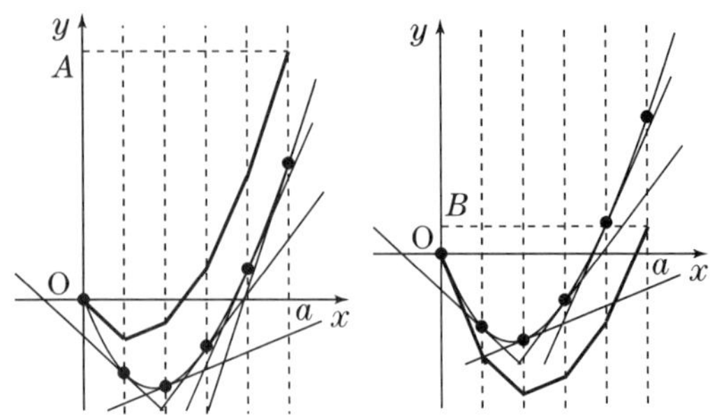

$0 \leqq x \leqq a$ を n 等分して，$d=\dfrac{a}{n}$ ごとに

$$x=0,\ d,\ 2d,\ \cdots\cdots,\ nd$$

で区切る．そして接線と平行な線分からなる折れ線を作っている．A は各区間右端の接線，B は左端の接線を利用している．

A，B とも $f(a)$ に収束するので，「十分大きい n では十分良い近似が得られる」ということである．

この裏にあるのは，区分求積である．

$$\begin{aligned}\lim_{n\to\infty} A &= \lim_{n\to\infty}\sum_{k=1}^{n} df'(kd)\\ &= \lim_{n\to\infty}\sum_{k=1}^{n}\frac{a}{n}f'\left(\frac{ak}{n}\right)\\ &= \int_0^a f'(x)\,dx\\ &= \Big[f(x)\Big]_0^a = f(a)\end{aligned}$$

である．B も同様である．

これで，各 x での接線の傾き (法線の傾きでも同様) が分かれば，それなりの精度でグラフを再現できることが分かった．これを空間での曲面に応用したいのである．

接平面 T の方程式

$$z=f_x(a,\ b)(x-a)+f_y(a,\ b)(y-b)+f(a,\ b)$$

を利用して，$(a,\ b)$ の付近では

$$f(x,\ y)\fallingdotseq f_x(a,\ b)(x-a)+f_y(a,\ b)(y-b)+f(a,\ b)$$

と近似できる．

平面 $x=a$，$y=b$ での切り口を考えれば，**問題** 1 と同じ考え方である．

問題 2.　中心が $(0,\ 0,\ 1)$ で，半径が 1 の球面の南半球

$$x^2+y^2+(z-1)^2=1\ (z\leqq 1)$$

を考える．これを $z=f(x,\ y)$ とすると，

$$f(x,\ y)=1-\sqrt{1-x^2-y^2}$$

である．$f\left(\frac{1}{2},\ \frac{1}{2}\right)=1-\frac{1}{\sqrt{2}}$ を近似する方法を考えたい．

平面 $y=0$ での切り口である曲線

$$z=f(x,\ 0)$$

に沿って，**問題** 1 の A を $a=\frac{1}{2}$，$n=5$ として考える．その値を A_1 とする．

次に，平面 $x=\frac{1}{2}$ での切り口である曲線

$$z=f\left(\frac{1}{2},\ y\right)$$

に沿って，**問題** 1 の B を $a=\frac{1}{2}$，$n=5$ として考える．その値を B_2 とする．

A_1+B_2 の値を概算せよ．

解

$$f(x,\ 0)=1-\sqrt{1-x^2}$$
$$(1-\sqrt{1-x^2})'=\frac{x}{\sqrt{1-x^2}}$$

であるから，

$$A_1=\sum_{k=1}^{5}\frac{1}{10}\frac{\frac{k}{10}}{\sqrt{1-\left(\frac{k}{10}\right)^2}}=\frac{1}{10}\sum_{k=1}^{5}\frac{k}{\sqrt{100-k^2}}$$
$$=\frac{1}{10}\left(\frac{1}{\sqrt{99}}+\frac{2}{\sqrt{96}}+\frac{3}{\sqrt{91}}+\frac{4}{\sqrt{84}}+\frac{5}{\sqrt{75}}\right)$$
$$\fallingdotseq 0.16329$$

である．

$$f\left(\frac{1}{2},\ y\right)=1-\sqrt{\frac{3}{4}-y^2}$$
$$\left(1-\sqrt{\frac{3}{4}-y^2}\right)'=\frac{y}{\sqrt{\frac{3}{4}-y^2}}$$

であるから，

$$B_2=\sum_{k=0}^{4}\frac{1}{10}\frac{\frac{k}{10}}{\sqrt{\frac{3}{4}-\left(\frac{k}{10}\right)^2}}=\frac{1}{10}\sum_{k=0}^{4}\frac{k}{\sqrt{75-k^2}}$$
$$=\frac{1}{10}\left(\frac{1}{\sqrt{74}}+\frac{2}{\sqrt{71}}+\frac{3}{\sqrt{66}}+\frac{4}{\sqrt{59}}\right)$$
$$\fallingdotseq 0.12436$$

である．よって，

$$A_1+B_2\fallingdotseq 0.28765$$

■

$y=0$ で折れ線を作り，続いて $x=\frac{1}{2}$ で折れ線を作った．

$$f\left(\frac{1}{2},\ \frac{1}{2}\right)=1-\frac{1}{\sqrt{2}} \fallingdotseq 0.29289$$

の近似値として0.28765が得られた．小さいnだが，AとBを織り交ぜたから，精度が良い．B_1，A_2を同じように定めて，「A_1，B_1の平均」と「A_2，B_2の平均」の和を近似値として採用すると，

「A_1，B_1の平均」+「A_2，B_2の平均」= 0.29414

となり，高精度である．実際はnを十分に大きくするので，誤差は小さくできる．

これをコンピュータ処理することで曲面を推定し，得られた写真が前掲のものである．このような精密な写真を使って，現物が手元になくても資料を観察できる．数学がベースにある技術が考古学で活用されているのである．

写真撮影では，大手前大学史学研究所の森下章司先生，岡本篤志先生にお世話になった．銅鏃作成についての参考文献②，③の高田健一先生(鳥取大学 地域学部 地域環境学科)には貴重なご意見をいただいた．感謝申し上げる．

<参考文献>

①松木武彦 1992「銅鏃の終焉」
都出比呂志ほか編『長法寺南原古墳の研究』
②高田健一 1997「古墳時代銅鏃の生産と流通」
待兼山論叢．史学篇．31 P.1–P.23
③高田健一 2019「有樋箆被柳葉式銅鏃の新例」
古代学研究．223号　pp.33–36

2.2.2 法隆寺百萬塔の撮影をめぐり

前項では，大手前大学史学研究所での銅鏃の撮影（X 線，2.5 次元）について紹介した．

本項では，法隆寺百萬塔という奈良時代に作られた木製品の撮影について紹介する．次項では，撮影で得られた年輪幅のパターンから，木材の年代を推定する「年輪年代学」について解説する．これらは，雑誌「大学への数学 (東京出版)」の 2019 年 1 月号掲載の記事「年輪年代学　～法隆寺百萬塔の年代特定～」を加筆・再編したものである．

本項では，百萬塔の歴史についての解説と，赤外線撮影，X 線 CT (医療用の CT もほぼ同様) という技術について紹介する．一部，行列を使って計算することになる．

法隆寺百萬塔をご存知だろうか？奈良文化財研究所に提供していただいた写真資料とともに紹介していきたい．

20センチほどの木製の小塔である百萬塔は，2つのパーツから構成されている．小さな円板が付いた上部の8センチほどの部分(相輪部・そうりんぶ)は取り外すことができる．下半分の塔身部には縦方向に穴が開けられており，そこに陀羅尼経(だらにきょう)という印刷された経典が納められている．162ページの写真も参照.

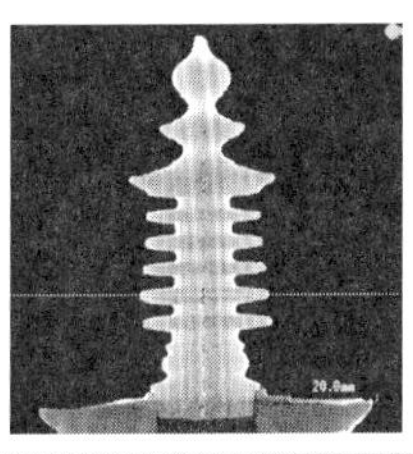

奈良時代に作られた百萬塔，その名前の通り百万基が作られた．767年(天平神護三年/神護景雲元年)，768年(神護景雲二年)に集中して作られたようである．ロクロを使ってはいたが，手作業で百万個の塔を作成した．陀羅尼経は作成年代が確定している世界最古の印刷物として有名である．それがいきなりのミリオンセラー(厳密には4種類あるので，1つ1つはミリオンではないが)．

このような事業を計画・実行できる人物は限られている．天皇である．

百萬塔作成指示を出したのは聖武天皇の娘・女帝の称徳天皇である．彼女は749年～758年，孝謙天皇として在位していたが，淳仁天皇に譲位した．その後，淳仁天皇，藤原仲麻呂との不和が生じた．僧の道鏡と組んだ孝謙太上天皇が，藤原仲麻呂を討ち(藤原仲麻呂の乱・恵美押勝(えみのおしかつ)の乱)，皇位に復帰(これを重祚(ちょうそ)と言う)した．その後，称徳天皇として764年から770年まで君臨した．

乱の後の平穏を祈願して作成されたのが百萬塔である．短期間で作成された百萬塔を，法隆寺をはじめ元興寺・大安寺・薬師寺・興福寺・東大寺・西大寺・四天王寺など10の寺に10万基ずつ配布した．1250年の時を経て，現存するのは法隆寺のみである．法隆寺には塔身部が4万5千ほど，相輪部が2万6千ほど残っているそうだ．このうちの100基ほどが一括で旧国宝(現在の重要文化財)に指定されており，法隆寺の大宝蔵院で見ることができる．

明治時代に百萬塔の運命は大きく動く．

明治政府の神仏分離政策は，法隆寺にも大打撃を与えた．廃仏毀釈により多くの寺で仏像が破壊された時代である．法隆寺の秘宝は早々に天皇に納め御物としたことで破壊を免れたそうだ．しかし，資金面で寺の存亡の危機が訪れる．百萬塔を売りに出し，それで寺の運営資金を補填したのである．体裁としては,寄付のお礼に領布したということになっている．寄付の額が多いと保存状態のよい百萬塔&陀羅尼経が渡されたようだ．明治41年(1908年)のことである.その時期に1500基ほどが市中に流出した.本品も，博物館などで見かけるものも，そのときのものである．

百萬塔の歴史はこれくらいにして，モノの話に移ろう．

百萬塔には作成者のサインが墨で書かれている．しかし，その上に白土(はくど)が塗られており，また，経年で墨がかすれていたりと，読み取ることが困難なことが多い．

そういうときに活躍するのが赤外線撮影である．赤外線は，モノの表面ではなく，少し中に入り込んでから反射するそうだ．表面の墨書(ぼくしょ)が読めなくても内部に墨の粒子は残っている．それを浮き上がらせることができるのである．墨書の位置は，塔身部は底か一番上の笠，相輪部は一番上の笠か塔身部の穴に入る部分の底である．

本品は，塔身部の底と相輪部の笠に墨書が残っている．相輪部は肉眼では読めない状態である．それを赤外線撮影した写真をお見せしよう (写真提供：奈良文化財研究所).

右　石嶋 (みぎ　いわしま)

百萬塔の作成は,「右」と「左」の 2 つの工房で行われた.「右」は工房名である．この時代,「石」は「いわ」と読むそうだ.「石見 (いわみ)」など今日でもそのように読むことがある．

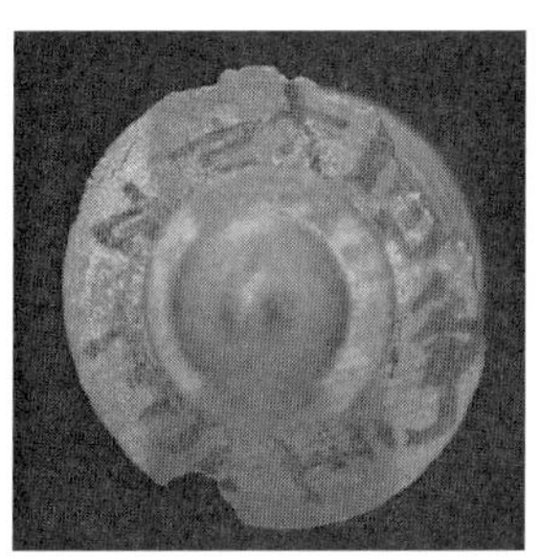

三年四月廾一日　浄主

(3 ねん 4 がつ 21 にち　きよぬし)

三年は天平神護三年 (767 年)，廾は十を 2 つくっつけて 20 を表している．参考文献によると，浄主は「左」工房に属していたこと，塔身に彼の名前は残っていないことが分かっているそうだ．

塔身部と相輪部はまとめて作っていたのではなく，それぞれ担当が分かれていたのだろう．実際，木材も違う．

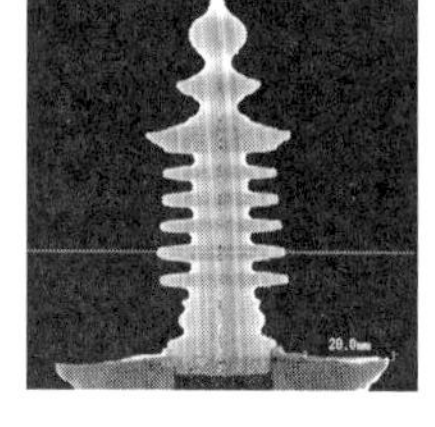

X線写真を再掲しておく．相輪部は白っぽいが，塔身部は黒っぽい．

前項でも解説したように，X線は物質を透過するが，素材によって透過率が異なる．密度が高い部分ほどよくX線を吸収し，写真では白く映る．

実際，相輪部は硬い広葉樹のサクラなどであり，塔身部は柔らかい針葉樹のヒノキなどである．それがX線写真で分かるのが面白い．

他にも面白いX線写真があるので紹介しておく(写真提供：奈良文化財研究所)．

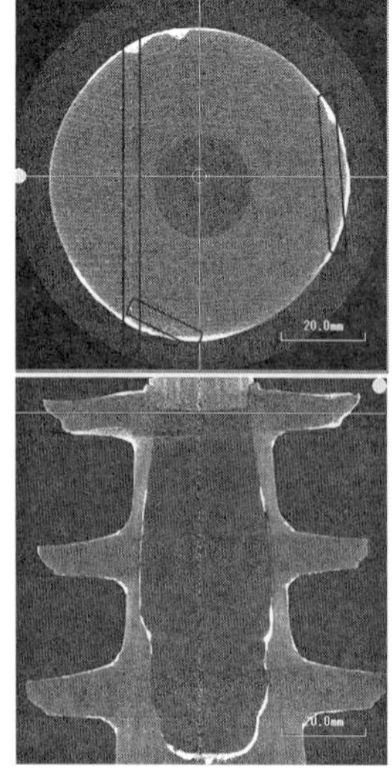

左上は，笠の写真である．よく見ると，3カ所に補修が施されていることが分かる．黒く囲った部分に継ぎ目が見え，各領域の素材の違いも分かる．

左下の写真は，陀羅尼を納める穴の断面である．真っ直ぐではなく，ふっくらした穴になっていることは，X線写真で見て初めて分かった．白く光っているのは白土である．

右下の写真は，塔身にある虫食いの穴である．表面から見ると小さな穴が見えるだけだが，以外と深くまで浸食されていた．虫のフンが残っている場合もあるそうだ．それもX線写真に映り込むらしい．

見えないものを非破壊で見ることができるX線撮影は，実に興味深い．

実は，本項の最後に紹介している写真は単なるX線ではなく，X線CTという技術で撮影されている．医療用にも使われるCT（Computed Tomography：コンピュータ断層診断装置）である．

その仕組みを簡単に紹介しよう．

一言で言うと，たくさんの撮影をして，そこから得られる連立方程式を解くのである．

X線CT撮影した写真（本項最後の写真）を見ると，同心円上の薄い筋が見える．実は，対象物を回転させながら多数の測定を行っている．

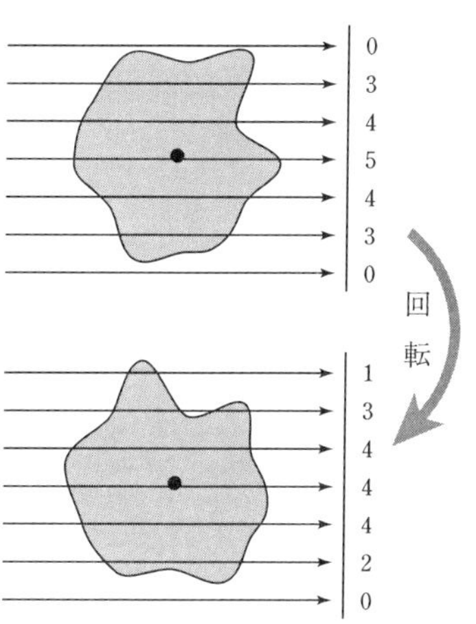

一度の測定では，正射影方向の厚みの中に含まれる部分の影

響の総和が分かる．

どんどん回転させ，測定を繰り返すことで，各点の密度を推定するのである．

実際には数千個×数千個のブロックに分けて，各ブロックの密度を推定して，それを写真の白黒で表現するのだが，簡単のために3×3で考えてみよう．9個のブロックの数値をすべて特定するためには，独立な方程式が9つ必要になる．

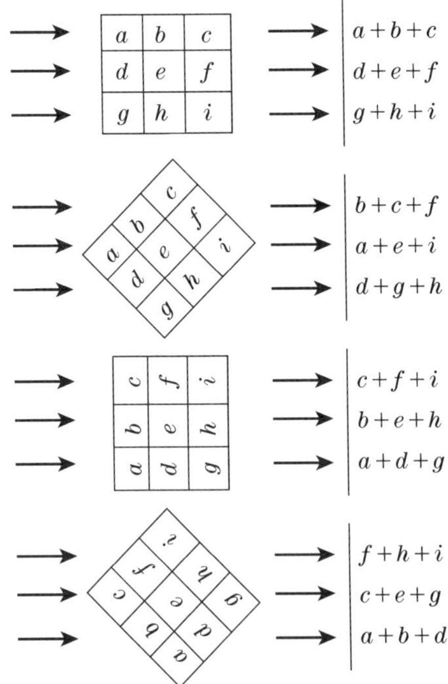

3×3なら，4回の測定で12個の方程式を作れば十分である．しかし，これを解くだけでも，手作業では大変である．数千×数千であったら何

回の撮影が必要で，どれだけの連立方程式を解かなければならないのか…想像を絶する．百萬塔の撮影時には，1つの写真を仕上げるための撮影時間は15分ほどであった．

では，手計算でやってみよう！

問題 9つの文字 a, b, c, d, e, f, g, h, i に関する次の連立方程式を解け．

$$a+b+c=5 \quad \cdots\cdots \quad ①$$
$$d+e+f=5 \quad \cdots\cdots \quad ②$$
$$g+h+i=7 \quad \cdots\cdots \quad ③$$
$$b+c+f=5 \quad \cdots\cdots \quad ④$$
$$a+e+i=7 \quad \cdots\cdots \quad ⑤$$
$$d+g+h=5 \quad \cdots\cdots \quad ⑥$$
$$c+f+i=6 \quad \cdots\cdots \quad ⑦$$
$$b+e+h=9 \quad \cdots\cdots \quad ⑧$$
$$a+d+g=2 \quad \cdots\cdots \quad ⑨$$
$$f+h+i=8 \quad \cdots\cdots \quad ⑩$$
$$c+e+g=5 \quad \cdots\cdots \quad ⑪$$
$$a+b+d=4 \quad \cdots\cdots \quad ⑫$$

$b \sim i$ を a で表そう．

①，④から　$f=a$

⑥，⑨から　$h=a+3$

⑦，⑩から　$c=h-2=a+1$

①，⑫から　$d=c-1=a$

②から　　　$e=5-d-f=5-2a$

④から　　$b=5-c-f=4-2a$

⑤から　　$i=7-a-e=a+2$

③から　　$g=7-h-i=2-2a$

使っていない⑧に代入すると

$$4-2a+5-2a+a+3=9$$

$$\therefore \quad a=1$$

であるから

a	b	c
d	e	f
g	h	i

=

1	2	2
1	3	1
0	4	3

である．これは①〜⑫をすべて満たす．

■

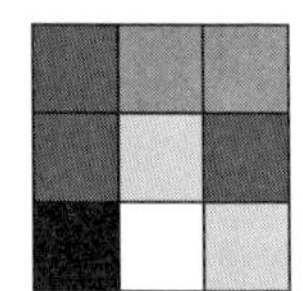

0を黒，4を白として，その他は中間の濃さで色を付けると右のようになる．

1次式のみの単なる連立方程式ではあるが，個数が多くなると処理が難しくなる．

少し違う解き方を考えてみよう．いまは高校生が習わなくなった行列を利用する．

別解【行列の利用】

まずa，b，d，eの4つを考える．①〜⑫からこれらだけの式を作ると

$$a+b+d=4,\ a+b+e=6,$$

$$a+d+e=5,\ a+b+d+3e=13$$

が得られる．これを行列で表すと

$$\begin{pmatrix} 1 & 1 & 1 & 0 \\ 1 & 1 & 0 & 1 \\ 1 & 0 & 1 & 1 \\ 1 & 1 & 1 & 3 \end{pmatrix}\begin{pmatrix} a \\ b \\ d \\ e \end{pmatrix}=\begin{pmatrix} 4 \\ 6 \\ 5 \\ 13 \end{pmatrix} \quad \cdots\cdots \quad (*)$$

となる．行列の積計算は，前にある行列の「横の数字の並び」と後にある行列の「縦の数字の並び」をそれぞれベクトルと見て内積を計算し，それを順番に並べていく．例えば，

$$\begin{pmatrix} 1 & 2 \\ 3 & 4 \end{pmatrix}\begin{pmatrix} x \\ y \end{pmatrix}=\begin{pmatrix} x+2y \\ 3x+4y \end{pmatrix}$$

$$\begin{pmatrix} p & q \\ r & s \end{pmatrix}\begin{pmatrix} 1 & 2 \\ 3 & 4 \end{pmatrix}=\begin{pmatrix} p+3q & 2p+4q \\ r+3s & 2r+4s \end{pmatrix}$$

これ以上の詳細は省略するので，雰囲気だけでも感じてもらいたい．

ここで，

$$\begin{pmatrix} -\frac{1}{3} & 1 & 1 & -\frac{2}{3} \\ \frac{2}{3} & 0 & -1 & \frac{1}{3} \\ \frac{2}{3} & -1 & 0 & \frac{1}{3} \\ -\frac{1}{3} & 0 & 0 & \frac{1}{3} \end{pmatrix}$$

という行列を考える．すると，積を計算したら

$$\begin{pmatrix} -\frac{1}{3} & 1 & 1 & -\frac{2}{3} \\ \frac{2}{3} & 0 & -1 & \frac{1}{3} \\ \frac{2}{3} & -1 & 0 & \frac{1}{3} \\ -\frac{1}{3} & 0 & 0 & \frac{1}{3} \end{pmatrix}\begin{pmatrix} 1 & 1 & 1 & 0 \\ 1 & 1 & 0 & 1 \\ 1 & 0 & 1 & 1 \\ 1 & 1 & 1 & 3 \end{pmatrix}=\begin{pmatrix} 1 & 0 & 0 & 0 \\ 0 & 1 & 0 & 0 \\ 0 & 0 & 1 & 0 \\ 0 & 0 & 0 & 1 \end{pmatrix}$$

で，単位行列という行列になる．

(*) の両辺との積を考えると，

$$\begin{pmatrix} 1 & 0 & 0 & 0 \\ 0 & 1 & 0 & 0 \\ 0 & 0 & 1 & 0 \\ 0 & 0 & 0 & 1 \end{pmatrix}\begin{pmatrix} a \\ b \\ d \\ e \end{pmatrix}=\begin{pmatrix} -\frac{1}{3} & 1 & 1 & -\frac{2}{3} \\ \frac{2}{3} & 0 & -1 & \frac{1}{3} \\ \frac{2}{3} & -1 & 0 & \frac{1}{3} \\ -\frac{1}{3} & 0 & 0 & \frac{1}{3} \end{pmatrix}\begin{pmatrix} 4 \\ 6 \\ 5 \\ 13 \end{pmatrix}$$

$$\therefore \quad \begin{pmatrix} a \\ b \\ d \\ e \end{pmatrix}=\begin{pmatrix} 1 \\ 2 \\ 1 \\ 3 \end{pmatrix}$$

が得られる．これが分かれば，残りの数値も確定する．

■

ここで積をとった行列は「逆行列」と呼ばれるものである．X 線 CT 撮影後のコンピュータでは，小さなブロックに分けて，逆行列を頑張って計算し，各点での密度を特定しているのである．

高感度の X 線 CT 撮影を行うと，映すことができる範囲が狭くなる．たった直径 10 センチほどの円である百萬塔の底部．そこを 7 分割して高感度の X 線 CT 撮影を行うと，年輪がはっきりと映し出される．次頁に奈良文化財研究所で撮影してもらった写真を載せておく．

年輪は木の成長の跡である．それが同心円を描く．

実際の木材では濃い色に見える部分 (高密度) が白く映し出されている．このような写真を元に，木材の年代を特定する年輪年代学という分野がある．次項でその理論を紹介していく．

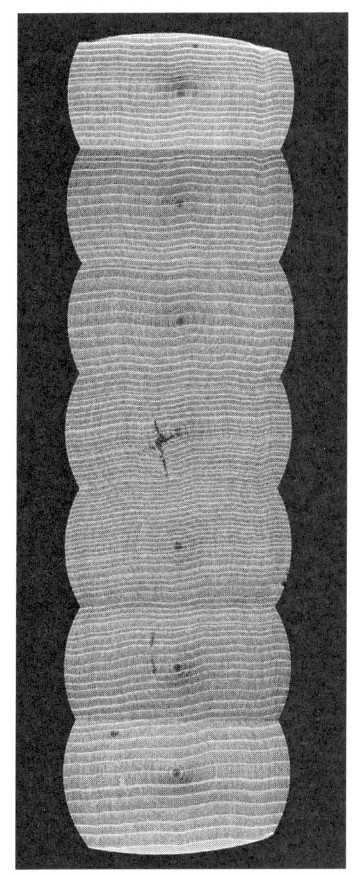

渡辺晃宏先生(木簡などがご専門)ほか史料研究室のみなさんと中村一郎氏(文化財写真がご専門)をはじめとする，写真および情報の提供と理論教授していただいた奈良文化財研究所のみなさんに感謝申し上げる.

＜参考文献＞

法隆寺の至宝　－昭和資財帳５－ 百萬塔・陀羅尼経

2.2.3　年輪年代学とは？　～法隆寺百萬塔の年代特定～

767 年 (天平神護三年 / 神護景雲元年) 頃に作られた法隆寺百萬塔．その底部の年輪を高感度 X 線 CT 撮影した写真を前項最後に掲載した（資料提供：奈良文化財研究所）．

年輪幅の変化を追いかけることで，この木材がどの年代のものかを判定する分野がある．それが年輪年代学である．奈良文化財研究所で理論をご教授いただく機会があったので，その内容を簡単に紹介したい．

写真から分かったことは，

「一番新しい年輪が 570 年，一番古い年輪が 451 年のもの」

であるということである．

わずか 10 センチ成長するのに 120 年もかかっているのだ．767 年に作られたものであることを考えると，少し古過ぎるように思えないだろうか？この理由を説明しよう．

●木材について●

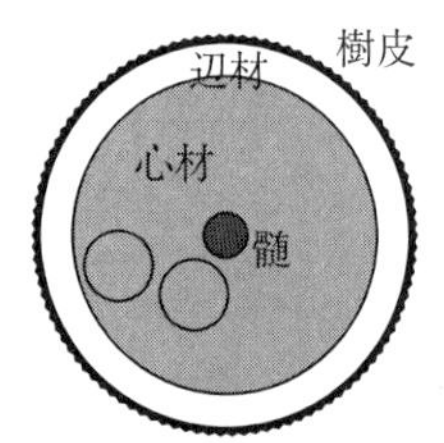

木材は図のような部分に分かれており，加工に適するのは心材のみである (ちなみに，髄が最も古く，樹皮が最も新しい．辺材はヒビ割れや虫食いの原因になりやすく，加工に不適)．

本百萬塔に使われた木は十分に太いものであったことが想定される (年輪がほぼ平行に見えることから分かる)．作成年代と年輪は，辺材分の数十年ズレがあるものだが，本百萬塔は 200 年ズレている．十分太い木材の心材の内側の方から材をとったと推定できるのである．

では，前項最後の写真で，新しいのは上だろうか？下だろうか？ほぼ平行に年輪が走っているから，判断しにくい．

ぜひ，直感で当ててもらいたい．ほぼ平行に見えても，新古を判定をするポイントが2つある．それを紹介し，最終的に答え合わせをしてみよう．

年輪はなぜできるか．季節により細胞の大きさが変わるからである．春夏の成長期は大きな細胞(低密度)，秋にかけて徐々に小さくなり(高密度)，冬は細胞分裂活動を停止する．それが年輪を作るのであった．実際の木材では濃い色に見える高密度の部分が，X線撮影では白く映し出される．より細かく見ると，次が時期ごとの細胞の大きさのイメージ(左図)とそれのX線撮影のイメージ(右図)である．

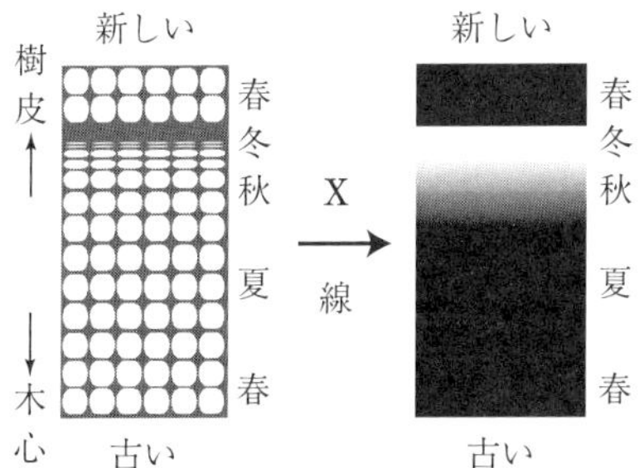

白く映る年輪の前後が，徐々に黒くなる方が秋，急に黒くなる方が春である．

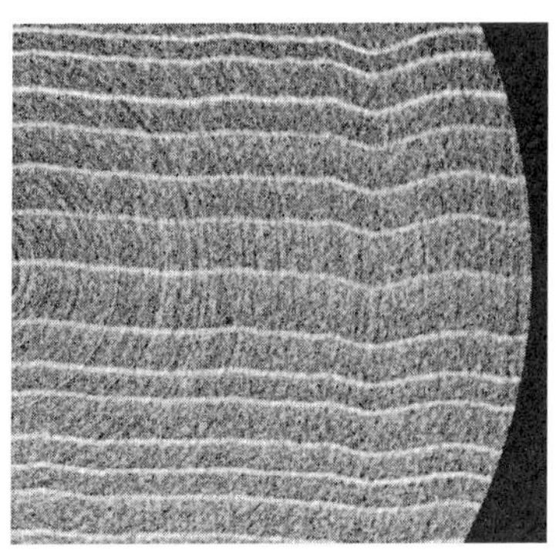

この写真ではあまりハッキリと識別できないかも知れないが,「何となくコッチっぽいかな」くらい判断できるだろうか？新古の予想はそのまま？変更？

実は，もう1つのポイントは，波打った部分である．何かがあって成長が部分的に阻害されたときに起きる現象だそうだ．図のように，凹んでいる方向が古い．

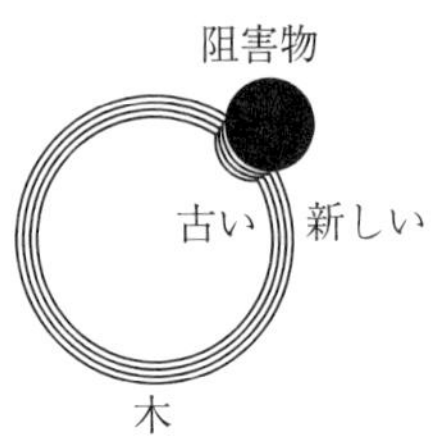

ということで，写真では上の方が新しく，下の方が古いことが分かる．直感は当たっていただろうか？

新古が分かれば，年輪幅を測定する．

●年輪幅から年代特定へ●

百萬塔の塔身部は年輪がキレイな同心円になるヒノキ製で，年輪年代測定に向いている．これまでの不断の研究成果で，紀元前1000年くらいから現代までの年輪幅の標準データが揃っているそうだ．幅は1ミリ前後のモノが多いらしい．

年	1900	1901	1902	1903	1904	1905
幅 mm	1.26	1.00	1.11	1.29	109	1.10

このようなデータが三千年分蓄積されているのである．しかし，このデータと観測データを照合するだけでは年代を特定することはできない．

生育状況や地域によって幅は変化するし，髄に近いか樹皮に近いかでも幅は変わる．それをならすためには前年との比を考えて，その値を利用することを思いつく．実際の年輪年代学では近隣5年での比較をしている．

また，年輪幅の変化で大事なことは，他よりも極端に幅が狭い部分だそうだ．幅が狭いということは，成長を阻害する要因（最新の研究によれば，春先の気温が低いと年輪が十分に育たないらしい）があったはずである．そういう年には，生育状況によらず，すべての木で年輪幅が狭い．そういうところを際立たせることで判定の精度が増すそうだ．そのために，利用するのが対数である．例えば，

$$\log_{10}(\text{ある年の幅}／\text{前年の幅})$$

を考えると，

$$\lim_{x\to+0}\log_{10}x=-\infty$$

だから，周りと比べて特に幅が狭い部分は特に目立つことになる．

●年代特定の理論●

以上を踏まえて，年輪年代学の理論を説明しよう．

西暦 n 年での幅を w_n とするとき，

$$a_n=\log_{10}w_n$$

$$x_n=a_n-\frac{a_{n-2}+a_{n-1}+a_n+a_{n+1}+a_{n+2}}{5}$$

を考える．

$$x_n=\log_{10}\sqrt[5]{\frac{w_n}{w_{n-2}}\cdot\frac{w_n}{w_{n-1}}\cdot\frac{w_n}{w_{n+1}}\cdot\frac{w_n}{w_{n+2}}}$$

である．西暦 n 年が近隣 5 年の中で特に目立った年であるかどうかを見るものである．この作業を基準化と呼ぶそうだ．基準化されたこの数値を年代測定に利用する．

年	1900	1901	1902	1903	1904	1905
x_n	0.061	−0.060	−0.013	0.064	−0.017	−0.010

標準データとして，このようなものを三千年分用意する．

実際に測定した年輪の幅からも同じように基準化した数値の列を作る．今回の百萬塔では，120 項からなる数列が得られた．

その数列と，紀元前 1000 年から現在まで，連続する 120 項すべてと比較していくのである．三千回ほど比較を繰り返して，最も近いものを特定するのだ．

標準データを基準化した数列を

$$x_{-1000},\ x_{-999},\ \cdots\cdots,\ x_{2000}$$

とし，計測で得られた個別の年輪幅を基準化した数列を

$$y_1,\ y_2,\ \cdots\cdots,\ y_{120}$$

とする．この年輪が西暦 m 年から $m+119$ 年のものであるかどうかを調べるために，

$$y_1,\ y_2,\ \cdots\cdots,\ y_{120}\ と\ x_m,\ x_{m+1},\ \cdots\cdots,\ x_{m+199}$$

で相関係数 r_m を計算する．r_m が大きい m を探す．

$$r_m = \frac{\sum_{k=1}^{120}(x_{m+k-1}-\overline{x_m})(y_k-\overline{y})}{\sqrt{\sum_{k=1}^{120}(x_{m+k-1}-\overline{x_m})^2}\sqrt{\sum_{k=1}^{120}(y_k-\overline{y})^2}}$$

$$\left(\overline{x_m}=\frac{1}{120}\sum_{k=1}^{120}x_{m+k-1},\ \overline{y}=\frac{1}{120}\sum_{k=1}^{120}y_k\right)$$

この値は大きくても 0.5 くらいにしかならないそうだ．「0.5 では強い相関とは言えないのに，これで年代を特定しても本当に大丈夫なのか？」そんな疑問が浮かぶ．

適合性判定では，r_m ではなく，t 値と呼ばれる数値

$$t_m = r_m\sqrt{\frac{118}{1-{r_m}^2}}$$

を利用する (n 個の場合は，根号内の分子は n ではなく，$n-2$ である)．

$$x\sqrt{\frac{1}{1-x^2}}=\sqrt{\frac{x^2}{1-x^2}}=\sqrt{\frac{1}{1-x^2}-1}\ (0<x<1)$$

は x の単調増加関数だから，t 値は r_m の単調増加関数である．

有為性判定の基準は，現実に合わせて決めるしかない．この理論では，$n \geqq 100$ で，かつ，t 値が 5 以上になるときに，「年代が特定された」と判断するそうだ．120 年分のデータを使う場合，$t_m \geqq 5$ を解くと，$r_m \geqq 0.418$ である．$r_m \geqq 0.418$ となる m を探すことで，年代を特定する．

ややこしくなってきたので，実例で見ておこう．年代ごとの相関係数の値は，次のグラフのようになる．

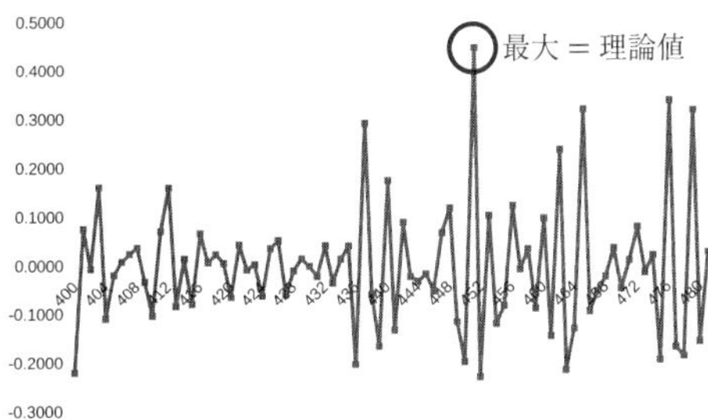

最大値は，理論値のときの

451 ～ 570 年の数列との相関係数 0.4461

である．$0.4461 > 0.418$ である．

この程度の相関係数で年代を特定できる理由を説明しよう．「そもそも，t 値は何なのか？」これを説明するのが本項のメインとなる．

以下，簡単のために

$$x_1,\ x_2,\ \cdots\cdots,\ x_{120} \text{ と } y_1,\ y_2,\ \cdots\cdots,\ y_{120}$$

で考える．「r_1 を考えて，木材が西暦 1 ～ 120 年のものであるかどうかを検証する」ということになる．

●最小 2 乗法●

120 個の点

$$P_k(x_k,\ y_k)\ (k=1,\ 2,\ \cdots\cdots,\ 120)$$

を座標平面上に図示する.

そこに直線 $l: y=Ax+B$ を引く. 120 個の点の集まりを最もよく表現する直線を決めたい.

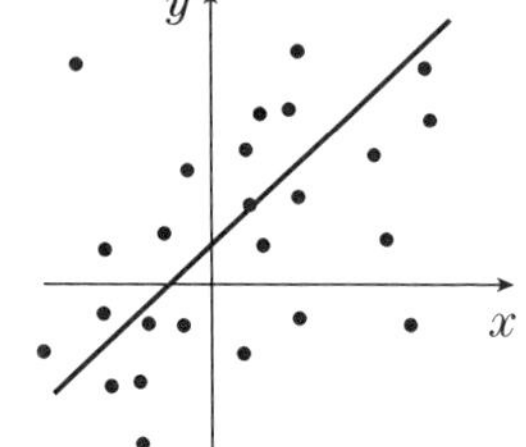

そのために, 点 P_k と $(x_k,\ Ax_k+B)$ の距離の 2 乗の和が最小になる A, B を求める. つまり,

$$\sum_{k=1}^{120}(Ax_k+B-y_k)^2=X$$

が最小になる A, B を求めたい. それは,

$$\frac{\partial X}{\partial A}=0,\ \frac{\partial X}{\partial B}=0 \quad \cdots\cdots \quad ①$$

となる A, B である (厳密には必要条件でしかない).

$$\frac{\partial X}{\partial A}=\sum_{k=1}^{120}2x_k(Ax_k+B-y_k)$$
$$\frac{\partial X}{\partial B}=\sum_{k=1}^{120}2(Ax_k+B-y_k)$$

より, ①は

$$\left.\begin{aligned}&\left(\sum_{k=1}^{120}x_k{}^2\right)A+\left(\sum_{k=1}^{120}x_k\right)B-\left(\sum_{k=1}^{120}x_ky_k\right)=0\\&\left(\sum_{k=1}^{120}x_k\right)A+120B-\left(\sum_{k=1}^{120}y_k\right)=0\end{aligned}\right. \quad \cdots\cdots \quad ①'$$

で, これを解く.

平均 $\overline{x}$, $\overline{y}$ と分散 $s_x{}^2$, $s_y{}^2$ と共分散 $\mathrm{Cov}(x,\ y)$ が

$$\bar{x}=\frac{1}{120}\sum_{k=1}^{120}x_k,\ \bar{y}=\frac{1}{120}\sum_{k=1}^{120}y_k$$

$$s_x{}^2=\frac{1}{120}\sum_{k=1}^{120}x_k{}^2-(\bar{x})^2,\ s_y{}^2=\frac{1}{120}\sum_{k=1}^{120}y_k{}^2-(\bar{y})^2$$

$$\mathrm{Cov}(x,\ y)=\frac{1}{120}\left(\sum_{k=1}^{120}(x_k-\bar{x})(y_k-\bar{y})\right)$$

$$=\frac{1}{120}\left(\sum_{k=1}^{120}x_ky_k\right)-\bar{x}\cdot\bar{y}$$

であることを用いる．①′を解くと，A，B は

$$A=\frac{\mathrm{Cov}(x,\ y)}{s_x{}^2},\ B=\bar{y}-\bar{x}A \quad \cdots\cdots \quad ①''$$

と表される．こうして得られた直線 $y=Ax+B$ を利用して，

$$y_k \fallingdotseq Ax_k+B$$

と考えるわけだ．当てはまりの良さを調べるために，誤差の平均

$$\frac{1}{120}\sum_{k=1}^{120}(Ax_k+B-y_k)$$

を考えると，実は，これは0になる．先ほど解いた①′の2つ目の式そのものだからである．最小2乗法の特長である．

●統計的推測●

ここから傾き A の推定について解説する．少し煩雑になる．

x_k は長年蓄積された標準データで，これは決まった値である．しかし，y_k は今回の測定によって得られただけの数字で，何らかの法則に従って分布する変数と考えることができる．つまり，今回は

$$y_1,\ y_2,\ \cdots\cdots,\ y_{120}\ \rightarrow\ A,\ B$$

が得られたが，同じ年代であっても，別の木材からは，別の

$$y'_1,\ y'_2,\ \cdots\cdots,\ y'_{120}\ \rightarrow\ A',\ B'$$

$$y''_1,\ y''_2,\ \cdots\cdots,\ y''_{120}\ \rightarrow\ A'',\ B''$$

……

が得られる．これらを確率変数 $Y_k\,(k=1,\ 2,\ \cdots\cdots,\ 120)$ と考える．

$$Y_1,\ Y_2,\ \cdots\cdots,\ Y_{120}\ \rightarrow\ A,\ B$$

$A,\ B$ を母回帰係数という．$A=1,\ B=0$ であれば，年代がばっちり確定するはずである．実際には，A にのみ注目し，$A=0$（無関係）であるかどうかを検討する（仮説検定）．

実際の木材から得られた $A,\ B$ を $\hat{A}$，$\hat{B}$ と表すことにし，これらを $A,\ B$ の推定値とする（標本回帰係数）．ということで，推定値 $\hat{A}$ が 1 に近いかどうかを確認するだけではなく，「分布も考慮して，$A\fallingdotseq 1$ と判断して良いか」を検討していくことになる．

最小 2 乗法により $Y_k\fallingdotseq Ax_k+B$ と考えるが，誤差 $e_k=Ax_k+B-Y_k$ について考える．これも確率変数である．

ここで Y_k の分布について，いくつか仮定をする．

1) 各 e_k は正規分布に従い，期待値は 0 であるとする．

2) 誤差 e_k の分散は k によらず一定であるとする．その一定値を σ^2 とおく．

3) 異なる添字で e_k は無相関，つまり，

$$\mathrm{Cov}(e_k,\ e_l)=0\quad\cdots\text{共分散が } 0$$

であるとする．$E(e_k)=E(e_l)=0$ であるから，これは

$$E(e_k\cdot e_l)=0$$

ということである．

では，推定していこう．

測定値より，$A=\hat{A}$，$B=\hat{B}$ と推定するから，$e_k=\hat{A}\,x_k+\hat{B}-Y_k$ と

仮定する．すると，

$$E(e_k)=E(\ \widehat{A}\ x_k+\widehat{B}-Y_k)=\widehat{A}\ x_k+\widehat{B}-E(Y_k)$$

であるから，1) より，

$$E(Y_k)=\widehat{A}\ x_k+\widehat{B}=\widehat{A}\ (x_k-\overline{x})+\overline{y}$$

である．①″を利用した．

さらに，$\widehat{A}$，$\widehat{B}$，x_k は定数であるから，2) より，

$$V(Y_k)=V(\ \widehat{A}\ x_k+\widehat{B}-e_k)=(-1)^2V(e_k)=\sigma^2$$

である．

推定の主役である A について考えよう．測定から得られる $\widehat{A}$ は

$$\begin{aligned}\widehat{A}&=\frac{\mathrm{Cov}(x,\ y)}{{s_x}^2}\\&=\frac{1}{{s_x}^2}\cdot\left(\frac{1}{120}\left(\sum_{k=1}^{120}x_ky_k\right)-\overline{x}\cdot\overline{y}\right)\\&=\frac{1}{{s_x}^2}\cdot\frac{1}{120}\left(\sum_{k=1}^{120}(x_k-\overline{x})y_k\right)\ \left(\overline{y}=\frac{1}{120}\sum_{k=1}^{120}y_k\ \text{より}\right)\end{aligned}$$

である．これが A の推定値であるが，A は，y_k を Y_k に変えた

$$A=\frac{1}{{s_x}^2}\cdot\frac{1}{120}\sum_{k=1}^{120}(x_k-\overline{x})Y_k$$

である．これの分散を考えよう．

e_k に関する仮定 3) は，異なる添字で Y_k は独立であると仮定していることになる．よって，公式

$$V(sY_k+tY_l)=s^2V(Y_k)+t^2V(Y_l)$$

を使える．これを繰り返すことで，

$$\begin{aligned}V(A)&=V\left(\frac{1}{{s_x}^2}\cdot\frac{1}{120}\left(\sum_{k=1}^{120}(x_k-\overline{x})Y_k\right)\right)\\&=\left(\frac{1}{{s_x}^2}\cdot\frac{1}{120}\right)^2\sum_{k=1}^{120}(x_k-\overline{x})^2V(Y_k)\end{aligned}$$

$$= \frac{1}{s_x{}^4} \cdot \frac{1}{120^2} \cdot \sigma^2 \sum_{k=1}^{120} (x_k - \overline{x})^2$$

$$= \frac{\sigma^2}{120 s_x{}^2} \quad \left(\frac{1}{120} \sum_{k=1}^{120} (x_k - \overline{x})^2 = s_x{}^2 \text{ より} \right)$$

$s_x{}^2$ は定数であるが，σ^2 に関する情報がまだないから，推定値を考える．e_k の分散である．

$e_k = Ax_k + B - Y_k$ の代わりに考えるのは，$\widehat{e_k} = \widehat{A}\ x_k + \widehat{B} - y_k$ である（$\widehat{A}$，$\widehat{B}$，x_k，y_k は定数）．これは，最小 2 乗法で考えた誤差そのもので，$\widehat{A}$，$\widehat{B}$ を求めるための条件 ①′ から，

$$\sum_{k=1}^{120} \widehat{e_k} = 0,\ \sum_{k=1}^{120} x_k \widehat{e_k} = 0 \quad \cdots\cdots \quad (*)$$

を満たしている．$\{\widehat{e_k}\}$ の分散が σ^2 の推定値であるから，

$$\sigma^2 \fallingdotseq \frac{1}{120} \sum_{k=1}^{120} e_k{}^2 - \left(\frac{1}{120} \sum_{k=1}^{120} e_k \right)^2 = \frac{1}{120} \sum_{k=1}^{120} e_k{}^2$$

と考えたいが…，統計的に大事なことがある．

$\{\widehat{e_k}\}$ は，120 個の値がランダムに得られたのではなく，2 つの条件 (*) が課された 118 個の独立変数で定まっていると考える（特定の条件を満たすものを作為的に抽出している，という捉え方である）．こういうときは，分母を 118 にしないと，推定値として相応しくないのである．不偏分散という考え方である．

以上を踏まえて，

$$\sigma^2 \fallingdotseq \frac{1}{118} \sum_{k=1}^{120} e_k{}^2$$

と推定する．これを用いて，A の分散を

$$V(A) \fallingdotseq \frac{1}{120 s_x{}^2} \cdot \frac{1}{118} \sum_{k=1}^{120} e_k{}^2$$

と推定する．ここに現れるのは，実験結果として得られた数字のみである．

x_1，x_2，……，x_{120} と y_1，y_2，……，y_{120} の相関係数 r を用いて

$$\begin{aligned}\sum_{k=1}^{120}{e_k}^2 &= \sum_{k=1}^{120}(y_k - Ax_k - B)^2 \\ &= \sum_{k=1}^{120}\{(y_k - \overline{y}) - A(x_k - \overline{x})\}^2 \\ &= \sum_{k=1}^{120}(y_k - \overline{y})^2 + A^2\sum_{k=1}^{120}(x_k - \overline{x})^2 \\ &\quad -2A\sum_{k=1}^{120}(x_k - \overline{x})(y_k - \overline{y}) \\ &= 120\{{s_y}^2 + A^2{s_x}^2 - 2A\mathrm{Cov}(x,\ y)\} \\ &= 120{s_y}^2\left(1 - \frac{\{\mathrm{Cov}(x,\ y)\}^2}{{s_x}^2{s_y}^2}\right)\ \left(A = \frac{\mathrm{Cov}(x,\ y)}{{s_x}^2}\right) \\ &= 120{s_y}^2(1 - r^2)\ \left(r = \frac{\mathrm{Cov}(x,\ y)}{s_x s_y}\right)\end{aligned}$$

と表せるから，

$$V(A) \fallingdotseq \frac{{s_y}^2}{{s_x}^2} \cdot \frac{1 - r^2}{118}$$

これで推定は完了，ここから検定に入る．

もし，$A = 0$ であったら，「x，y に 1 次の関係はない」と判断される．そうでないことを統計的に示したい．

$A = 0$ と仮定すると，推定値（つまり測定から得られた傾き）$\widehat{A}$ は 0 から標準偏差いくつ分離れているだろうか？

$$\frac{\widehat{A}}{\sqrt{V(A)}} = \frac{s_x}{s_y}\sqrt{\frac{118}{1 - r^2}} \cdot \frac{\mathrm{Cov}(x,\ y)}{{s_x}^2} = r\sqrt{\frac{118}{1 - r^2}}$$

である．実は，これが t 値である．

A の分布は，正規分布に近いが少し違う「t 分布」と呼ばれるものになっている．例えば，$n = 118$ のとき，t 値を t とおくと

$$P(t \geqq 1) \fallingdotseq 0.15,\ P(t \geqq 2) \fallingdotseq 0.024,$$

$$P(t \geqq 5) \fallingdotseq 0.000001$$

n が十分大きいと，$t \geqq 5$ となることは起こりえない．これを有意水準にするのであった．$t \geqq 5$ のとき，仮定を棄却し，「$A = 0$ はありえない」と判断する．

実際に $m = -1000 \sim 2000$ で t_m を求めても，5 以上になるものは 1 つしか求まらなかった．最後は「その基準でうまくやれているから，それで良いじゃないか」という工学的な発想も必要になる．

百萬塔で $m = 451$ を特定した際の数値を挙げておく．

$$r = 0.425,\ t = 5.017,\ \widehat{A} = 0.912$$

である．$\widehat{A}$ はかなり 1 に近い！

こうして，百萬塔の年輪の (この理論による) 年代が確定したのだ．標準データと実験データの値を時系列でプロット (下図) するとかなり違うように見えるが，t 値的には奇跡的な一致をしているのである．

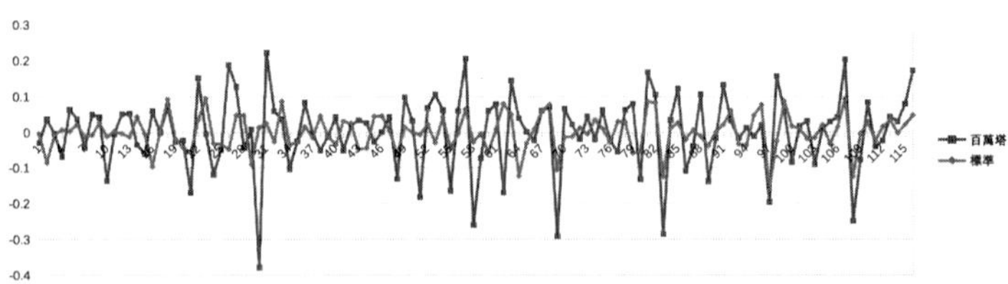

誤差なくピンポイントで年代特定できるのがこの理論の強みである．弱みは十分な量の良好な年輪データが必要なことである．「炭素を利用した年代測定と相補的な関係にある」とのことであった．

貴重なデータと惜しみない理論説明をいただいた奈良文化財研究所に感謝申し上げる．

2.3 プログラミング，人工知能，IRT

本節では，趣きを変えて，必修になるプログラミングとその先にある人工知能を扱っていきます．AI は推測するマシンですが，統計的な手法も内に含んでいます．統計的手法に拘らず，手段を選ばずに推測します．

新しい統計として IRT（項目反応理論）も紹介します．AI と同じロジスティック関数（シグモイド関数）を利用しているのが面白いところです．

2.3.1 Python をやってみた

プログラミングが必修になるという．

小学校では，各教科の指導を通じてプログラミング的思考を教えていくのだとか．何となくイメージは分かるけれど，実際にやってみないと本当のことは見えないから，始めてみることに．「いま学ぶならこの言語！」ということで“Python（パイソン）”をやってみた．AI の開発を考えると，Python がオススメとのことで，その特徴であるという「オブジェクト指向プログラミング」という言葉に怯えながらも，少しずつコードを書けるようになってきた．実際にやってみると，数学を現象として捉える練習になるし，問題解決学習のツールとしても効果的である．本項でその一端をお伝えしたい．今後の教育ツールとして各教育機関の先生方にも，将来の AI 社会を支える若者たちにも．

AI については，プログラミングをせずに作れるフリーソフトもあるが，裏では Python が動いている．次項では，AI の裏側について紹介し，イメージができるようになってもらうつもりである．

プログラミングではたくさんのルールが出てくるが，初見のルールを理解して，使いこなすことは数学にも似ている．コードが読めて，実行したら何が起こるか分かるようになることも，数学学習に似ているかも知れない．では，早速やってみよう．

例 1

```
for n in range(2,13):
    c=0
    for i in range(2,n+1):
        if n%i==0:
            c=c+1
    if c==1:
        print(n)
```

これを実行すると

```
2
3
5
7
11
```

となる．素数を順に print していく．気になるのは範囲が range(2,13) になっているのに，13 が出力されないことである．実は，この範囲は $2 \leqq n < 13$ となるのである．

$n=2,\ 3,\ \cdots\cdots,\ 12$ に対して

```
    c=0
    for i in range(2,n+1):
        if n%i==0:
```

```
            c=c+1
        if c==1:
            print(n)
```

が実行される．等号が1つの式「c=0」は c を 0 にするということ．等号が2つある「if c==1」は「条件“c が 1 と一致する”が成り立つならば」である．では，「n%i」は何を表しているのだろう？結果から逆算すると分かる通り，n を i で割った余りを表している．

<u>$n=2$ のとき</u>

c という数値をはじめは $c=0$ とする．$2 \leqq i < 3$ を満たす i について，小さい方から順に，「2 が i で割り切れるなら，c の値を 1 増やす（そうでないときは c の値は変えない）」という作業を繰り返し行う（今回は 1 回で終了）．この作業をやり切った後の c の値を調べる．それが 1 であるから，2 を出力する．

$n=3$，4，……，12 でこれを繰り返す．例えば $n=4$ のときは，

$c=0$

$i=2$ で実行→ 4 が 2 で割り切れる→ $c=1$

$i=3$ で実行→ 4 が 3 で割り切れない→ $c=1$

$i=4$ で実行→ 4 が 4 で割り切れる→ $c=2$

$c=1$ でないから，4 は出力しない．

これで素数が順に出力されることが分かる．実は，

```
        for i in range(2,n):
```

にして，

```
        if c==0:
```

としても良い．$n=2$のとき，`i in range(2,n+1)`が$2 \leqq i < 2$となってしまうが，そんなiが無いから$c=0$のまま作業が終わり，$n=2$は出力される．

範囲の設定について注意すべきことがある．また,集合のようなもの(リスト)も考えておこう．

例 2

```
Prime=[2,3,5,7,11]
print(Prime[1])
```

とすると，リストPrimeの1番目の要素が出力され，

```
3
```

となる．2ではない！実は番号は0から始まる．出だしを指定せずに`i in range(3)`とすると$0 \leqq i < 3$となる．`i in range(0,3)`と同じである．上記で2行目を

```
print(Prime[5])
```

とすると，エラーになる．`Prime[5]`は6個目である．

ちなみに，要素の個数5は

```
len(Prime)
```

で求めてくれる．リストは並び順に意味がある集合で，同じ要素が複数個含まれていても,番号が違うと違う要素になる．また,ここまでアルファベットで書いてきたが，変数やリスト名は漢字でも平仮名でも構わない．

例 3

```
素数=[2,3,5,7,11]
print(素数)
```

```
print(素数[-1])
for あ in range(3):
    print(素数)
A=0
while A<=2:
    print(素数[A])
    A=A+1
```

を実行すると

```
[2, 3, 5, 7, 11]
11
[2, 3, 5, 7, 11]
[2, 3, 5, 7, 11]
[2, 3, 5, 7, 11]
2
3
5
```

素数[-1] は最後の要素で，素数[len(Prime)-1] と同じである．「あ in range(3)」では，繰り返す作業内に「あ」が入っていないから，同じ作業を3回繰り返すことになる(普通は i を用いる．ここでは「何でも良い」ことを強調するために「あ」とした)．

最後は while が入った部分．A という変数をはじめ $A=0$ と定める．$A \leqq 2$ を満たす限り，print(素数[A]) と A=A+1 という作業を繰り返せ，という意味である．

$A=0$ →素数[0]を出力，$A=1$

$A=1$ →素数[1]を出力，$A=2$

$A=2$ →素数[2]を出力，$A=3$

$A=3$ → $A \leqq 2$ でないから，終了

素数のリストを自動で作成する方法もある．

例 4

```
素数=[]
for n in range(2,13):
    c=0
    for i in range(2,n):
        if n%i==0:
            c=c+1
    if c==0:
        素数.append(n)
print(素数)
```

まず，中身のない“空”のリスト「素数」を作る．「素数.append(n)」は「リストの最後に n を付け加えよ」という指示である．

```
[2, 3, 5, 7, 11]
```

と出力される．in range(2,n) は「n の平方根まで」に変えたら良いのではないか？とも考えられる．

 5

```
import math
素数=[2]
```

```
for n in range(3,13):
    m=int(math.sqrt(n))
    A=0
    for k in range(1,m+1):
        if n%k!=0:
            A=A+1
    if A==m-1:
        素数 .append(n)
print( 素数 )
```

平方根 math.sqrt は，1 行目の import math がないと使えない．range に入るのは整数だけで，int が必要になる．sqrt は square root，int は integer の略である．if n%k!=0 は「n を k で割った余りが 0 でないならば」である．階乗ではない．最終的な A が「割り切れない回数」を表している．それが，$k=1$ を除く $m-1$ 回になると，n は素数である．

数学的には素数で割れるかどうかだけ調べれば良いが，そうするとプログラム的には煩雑になる．

例 6

```
a=3*2
b=3**2
print(a,b)
```

```
6 9
```

積とべき乗である．Python は計算もやってくれる．出力したいものを“，”でつなげると並んで出力される．

ここまで素数を扱ってきたが，ここからは複素数にしよう．Python では import math しなくても複素数の計算は標準装備されている．虚数単位は i ではなく j である (i は index・添字で使われることが多いから)．

例 7

```
a=3+2j

b=2

c=3j

print(a*b,b*c,c/a)
```

```
(6+4j) 6j (0.46153846153846156+0.6923076923076924j)
```

虚部が 1 のときは 3+1j のように書く必要がある．

計算機ではないが，Python に計算をさせると面白い．例えば，

$$e^{i\pi}=-1$$

は有名である (拙著「虚数と複素数から見えてくるオイラーの発想～ e，i，π の正体～ (技術評論社)」でも扱っているので，興味があれば，参照願いたい)．

ということで，これを Python にやらせてみよう．少し準備．

$$e^x=1+\frac{x}{1!}+\frac{x^2}{2!}+\cdots\cdots+\frac{x^n}{n!}+\cdots\cdots$$

が成り立つ．実数全体で成り立つが，$x \geqq 0$ で確認してみよう．

まず，$x \geqq 0$ で

$$e^x \geqq 1+\frac{x}{1!}+\frac{x^2}{2!}+\cdots\cdots+\frac{x^n}{n!}$$

が成り立つ．これは数学的帰納法で示せる．簡単に説明しておく．

(左辺)−(右辺)を $f_n(x)$ とおく．$f_n(0)=0$ である．

$n=1$ のときの $f_1(x)\geqq 0$ は示せる．一般に

$$f_{k+1}{}'(x)=f_k(x)$$

が成り立つ．よって，$n=k$ での成立，つまり，$f_k(x)\geqq 0$ を仮定すると，$f_{k+1}(x)$ が単調増加し，$n=k+1$ での成立を導ける．

次は反対向きの不等式．二項定理から

$$\left(1+\frac{x}{n}\right)^n=\sum_{k=0}^{n}{}_n\mathrm{C}_k\frac{x^k}{n^k}$$
$$=\sum_{k=0}^{n}\frac{n(n-1)\cdots\cdots(n-k+1)}{k!}\cdot\frac{x^k}{n^k}\leqq\sum_{k=0}^{n}\frac{x^k}{k!}$$

よって，

$$\left(1+\frac{x}{n}\right)^n\leqq 1+\frac{x}{1!}+\frac{x^2}{2!}+\cdots\cdots+\frac{x^n}{n!}\leqq e^x$$

e の定義を使って

$$\lim_{n\to\infty}\left(1+\frac{x}{n}\right)^n=\lim_{n\to\infty}\left\{\left(1+\frac{x}{n}\right)^{\frac{n}{x}}\right\}^x=e^x$$

はさみうちの原理より

$$e^x=1+\frac{x}{1!}+\frac{x^2}{2!}+\cdots\cdots+\frac{x^n}{n!}+\cdots\cdots$$

これは実数で成り立つものだが，この式の右辺の x に複素数を代入したものを考える．これが複素指数関数である．x に $i\pi$ を代入してみよう．極限を計算するのは無理だが，十分大きい n での近似を利用する：

$$e^x\fallingdotseq 1+\frac{x}{1!}+\frac{x^2}{2!}+\cdots\cdots+\frac{x^n}{n!}$$

$k!$ は `math.factorial(k)`，π は `math.pi` である．

例 8

```
import math
a=math.pi*1j
A=0
for i in range(50):
    A=A+a**i/math.factorial(i)
    print(A)
```

これで出力すると，50 個数字が並ぶ．

```
(1+0j)
(1+3.141592653589793j)
(-3.934802200544679+3.141592653589793j)
……
(-1.2113528429825007-0.07522061590362306j)
(-0.9760222126236076-0.07522061590362306j)
(-0.9760222126236076+0.006925270707505149j)
(-1.0018291040136216+0.006925270707505149j)
(-1.0018291040136216-0.00044516023820919976j)
(-0.9998995297042177-0.00044516023820919976j)
……
(-1.0000000000000002+3.458669144327514e-16j)
```

$-1+0j$ に近づいていく様子がよく分かる．最後の数だけ出力したいなら，最後の行を左詰めにすれば良い．つまり，print を i での作業から外して

```
import math
a=math.pi*1j
A=0
for i in range(50):
    A=A+a**i/math.factorial(i)
print(A)
```

とする．`for` のループ終了後の A が print される．

通常，$e^{i\pi}=-1$ を得るには，オイラーの公式

$$e^{i\theta}=\cos\theta+i\sin\theta$$

で $\theta=\pi$ を代入する．最後に偏角 θ を Python で求めてみよう．三角関数と逆三角関数を考える必要がある．

例 9

```
import math
print(math.sin(30))
```

これを出力するとどうなるだろう？ $\sin 30°$ になるだろうか？

```
-0.9880316240928618
```

残念！ 0.5 にはならない．30 ラジアンの正弦が求まっている．もちろん，逆三角関数も弧度法である．sin，cos の逆関数は

`math.asin(数値)`，`math.acos(数値)`

である．数値に代入できるのは -1 以上 1 以下の数である．得られる値は，順に $-\frac{\pi}{2}$ 以上 $\frac{\pi}{2}$ 以下，0 以上 π 以下．

では，いってみよう．

例 9の続き

```
print(math.sin(math.pi/6))

print(math.asin(0.5))

print(math.asin(0.5)*180/math.pi)
```

で何が出力されるだろうか？

```
0.49999999999999994

0.5235987755982989

30.000000000000004
```

である．何とも言えない誤差があるが…

では，$z=a+bi$ の偏角 θ を求めてみよう．

$$|z|=\sqrt{a^2+b^2},\ z=|z|\left(\frac{a}{|z|}+\frac{b}{|z|}i\right)$$

$$\cos\theta=\frac{a}{|z|},\ \sin\theta=\frac{b}{|z|}$$

$$\cos A=\frac{a}{|z|}\ (0\leqq A\leqq\pi)$$

$$\sin B=\frac{b}{|z|}\ \left(-\frac{\pi}{2}\leqq B\leqq\frac{\pi}{2}\right)$$

と順に設定していく．偏角 θ は

$$\theta=A \text{ または } 2\pi-A$$

である．前者は $B\geqq 0$ のときで，そうでないときは後者となる．if を使って組めそうだ．

```
if P:
    Q
else:
    R
```

を利用しよう．P のとき Q を行い，A でないとき R を行う．

例 10

```
def f(z):
    zの絶対値=abs(z)
    cos=z.real/zの絶対値
    sin=z.imag/zの絶対値
    A=math.acos(cos)
    B=math.asin(sin)
    if B>=0:
        return A
    else:
        return 2*math.pi-A
print(f(1+1j))
```

関数の定義方法，絶対値・実部・虚部を求める関数，値を返す指示のreturnと，初見のものも多いが，ここまで読んでもらえていたら理解してもらえるだろう．$1+i$の偏角$\dfrac{\pi}{4}$が小数値で得られる(0.785398……)．

最後にもう1つ．次を実行したら何が起きるだろう？

例 11

```
import math
n=1
while n!=0:
    N=int(input("1以上の整数Nを入力。N = "))
    if N<1:
        print("1以上じゃないとダメ！やり直し")
```

```
    else:
        平方数=[]
        for A in range(int(math.sqrt(N))+1):
            if A**2<=N:
                平方数.append(A**2)
        print(平方数[-1])
        n=0
```

```
1以上の整数Nを入力。N =
```

→0を入力

```
1以上じゃないとダメ！やり直し
1以上の整数Nを入力。N =
```

→70を入力

```
64
```

N 以下の最大の平方数を教えてくれる．最後の n=0 が無いと，永遠に「N =」と訊き続ける．

Pythonの世界観が少しは伝わっただろうか？

私はこれくらいまでやれるようになって，AIを作ることのハードルの高さに気付いた．先が見えない．

そのころ，Sonyの「NNC」というAI作成ソフトがあることを知った．プログラミングが出来なくても，少しデータを触れて，関数のイメージがあれば，AIは作れる．次項は，NNCを活用して，その辺をお伝えしたい．

2.3.2 グラフで理解する人工知能のカラクリ

人工知能とは，推定マシンである．

機械学習により，入力値から出力値を推定する関数を探索する．その関数が，学習に使ったデータにだけ当てはまるものではなく，汎用性のあるものであることをチェックするために，テストデータで確認する．そうして得られたチェック済みの関数を使い，未知の入力値に対する出力値を推定するのである．

関数の探索を最適化と言う．より正確には，関数の枠組みを事前に指定しておき，その中で最適な係数を決定する作業である．詳しくは述べないが，そこでは偏微分を使う．年輪年代学で登場した，最小二乗法などを用いて，誤差を評価するのである．

既存の統計には無いような枠組みも含めて推定できるのが強みである．しかも，ビッグデータのような巨大なデータ数を必要としない点も見逃し難い．

しかし，実際にAIを作るとなるとどうだろう？

そのようなプログラムをPythonを使って書くのは，素人には困難である．理論だけでも十分に煩雑なのに…二重で苦しい．

しかし，Sonyが無償提供しているAI作成ソフト「NNC (Neural Network Console)」などを使うと，素人でもAIを作ることができる．NNCに関する話は機会を改めることとして，本書では，AIのベースにある数学理論を，通常のAI本とは違った方向から論じてみる．

本項で使う言葉は，NNCの利用を意識している．一般的な表記でない場合は，ご容赦願いたい．

●AIとは何なのか？●

まずは，AIに人力で挑んでみよう．以下で，x から y を対応させるルールは，どんなものだろう？

x	y
−2	−2
−1	2
0	0
1	−2
2	2

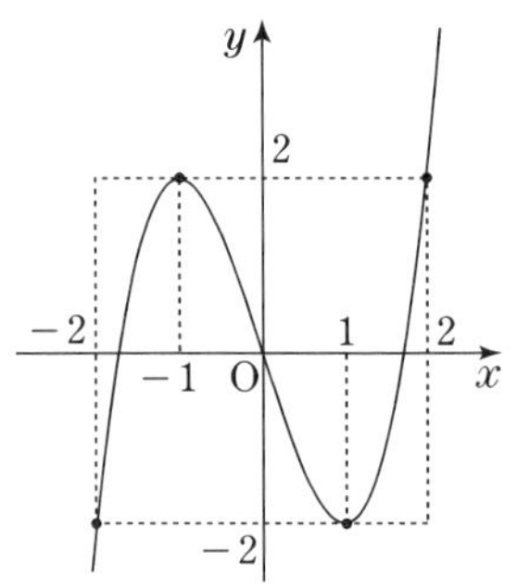

勘が良い人はすぐに気付いてしまうだろう．

$$-2 \leqq x \leqq 2$$

$$-2 \leqq y \leqq 2$$

にピッタリはまる3次関数を連想できるからだ．対称性に気付いたり，連立方程式を作って解く人もいるかも知れない．式で書くと，

$$y = x^3 - 3x$$

である．少ない情報から合理的に考えて判断するのが，人であろう．

では，AIはどうか？

AIに推定をさせるとき，人が推定の枠組みを指定する必要がある．「関数の素」である．よくあるのは，Affine（アフィン）とsigmoid（シグモイド）の組み合わせである．

Affineは1次式 $ax + b$ である．これは入力が1変数で，出力も1変数のタイプである．このようなものをAffine$(1 \to 1)$と表すことにしておく．

変数が多くなると，行列による 1 次変換と定ベクトルによる平行移動である．つまり，1 次式をたくさん作ることになる．例えば，Affine(4 → 3) では，入力値 x_1，x_2，x_3，x_4 に対して，3 つの 1 次式

$$ax_1+bx_2+cx_3+dx_4+e$$

$$jx_1+kx_2+lx_3+mx_4+n$$

$$px_1+qx_2+rx_3+sx_4+t$$

を出力する．アルファベットは係数を表しており，行列で書くと

$$\begin{pmatrix} a & b & c & d \\ j & k & l & m \\ p & q & r & s \end{pmatrix}\begin{pmatrix} x_1 \\ x_2 \\ x_3 \\ x_4 \end{pmatrix}+\begin{pmatrix} e \\ n \\ t \end{pmatrix}$$

である．

sigmoid は，次項ではロジスティック関数という名前でも登場する，シグモイド関数 $f(x)=\dfrac{1}{1+e^{-x}}$ である．$y=f(x)$ のグラフは以下の通りである．

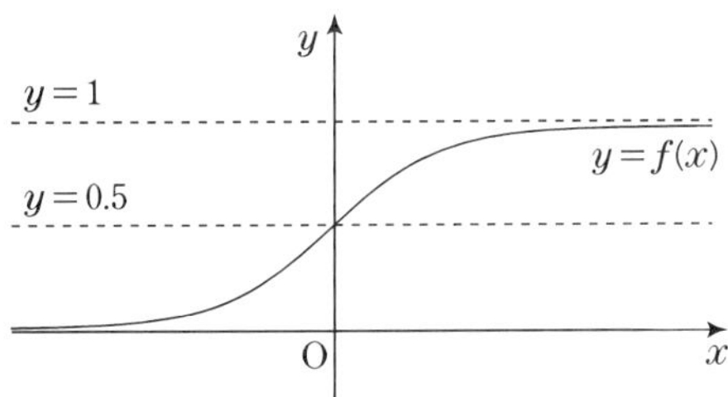

AI について学び始めた頃の私は，「何でこんな関数を使うのだろう？」と思っていた．この辺りのことを，少し詳しく説明しよう．

実は，AI では，合成関数をうまく利用している．合成の回数を増やす

ことを深層学習というのである（よく聞く Deep Learning とは，このことである）.

[Affine ⇒ sigmoid ⇒ Affine]

人工知能を作るとき，前のステップで得られた関数を次々と代入していく．合成関数である．

例えば，Affine(1 → 1) ⇒ sigmoid の組み合わせであれば，$f(ax+b)$ という形の関数を考えることになる．色んな a，b を試すと，このようなグラフになる．

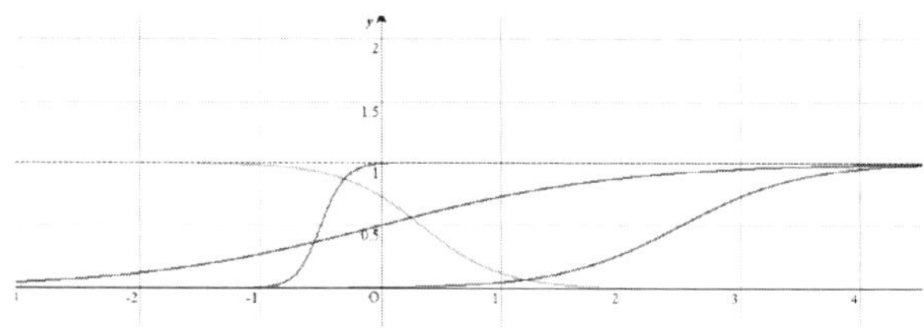

ちょっと複雑にして，

$$\mathrm{Affine}(1 \to 4) \Rightarrow \mathrm{sigmoid} \Rightarrow \mathrm{Affine}(4 \to 1)$$

の組み合わせを考えてみよう．これは一体，何を表すか？

式は参考のために書くが，スルーしても構わない．ではいってみよう．

まず，Affine(1 → 4) で

$$x \to (px+q,\ rx+s,\ tx+u,\ vx+w)$$

を得て，これらをそれぞれ sigmoid ($f(x)$ と表す) に代入する．

$$(px+q,\ rx+s,\ tx+u,\ vx+w)$$

$$\to (f(px+q),\ f(rx+s),\ f(tx+u),\ f(vx+w))$$

最後に，これらを Affine(4 → 1) に代入して，1 つにまとめる．

$$(f(px+q),\ f(rx+s),\ f(tx+u),\ f(vx+w))$$

$$\to Af(px+q)+Bf(rx+s)+Cf(tx+u)+Df(vx+w))+E$$

結局は，x を入力すると

$$Af(px+q)+Bf(rx+s)+Cf(tx+u)+Df(vx+w))+E$$

が出力されるような関数を作ることになる．雰囲気だけ感じてもらえたら十分である．

こうして作られる関数は，例えば次のようなグラフになる．かなり自由度が増してくる．

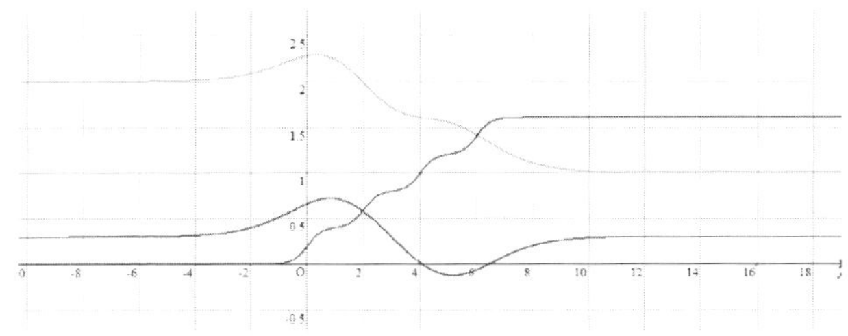

少し頑張ると，こんなグラフを描くこともできる．

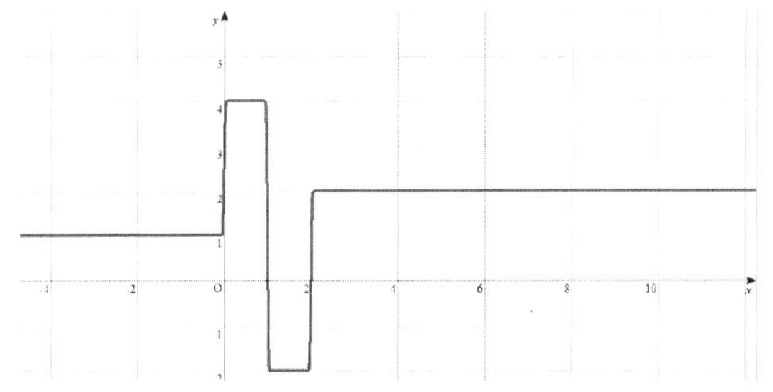

Affine(1 → 5) ⇒ sigmoid ⇒ Affine(5 → 1) でかなり頑張って係数を調節すると，こんなグラフを描くこともできる．

$$y=-3+5f(10(x-2.4))+6.2f(5(x-1.8))-4.8f(2.8x)$$
$$+1.4f(5(x+1.5))+6f(5(x+2))$$

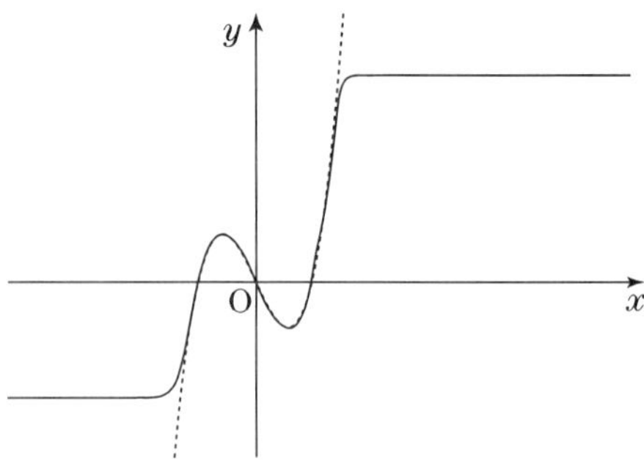

点線で添えてあるのは，3 次関数 $y=x^3-3x$ である．最初に人力で見つけたものである．

それなりの人工知能を作るには，もっとたくさん (1000 くらい) のデータを用意する (それでも，いわゆるビッグデータよりはずっと少ない).

x	y
−2	−2
−1.5	1.125
−1	2
−0.5	1.375
0	0
0.5	−1.375
1	−2
1.5	−1.125
2	2

そして，例えば，

$$\text{Affine}(1 \to 5) \Rightarrow \text{sigmoid} \Rightarrow \text{Affine}(5 \to 1)$$

という枠組みを指定すると，その中で頑張って係数を調節してくれる．私の人“力”知能による最適化では

$$y=-3+5f(10(x-2.4))+6.2f(5(x-1.8))-4.8f(2.8x)$$
$$+1.4f(5(x+1.5))+6f(5(x+2))$$

であったが, 本気のAIを作ると, もっともっと高精度で推定(つまり, 近似)することができる.

しかし, 注意しておかなければならないことがある.

シグモイド関数を使ってAIを作ることの限界についてである. $f(x)$ はとりうる値の範囲が $0<f(x)<1$ のペッタンコなグラフである. それを組み合わせても, 十分大きなスケールで見ると, やはりペッタンコになっている. つまり, x が0から離れると, どんどん誤差が大きくなる.

学習データに含まれている範囲は十分に良い推定値が得られるが, 教えていない範囲についての推定は, どれだけ信頼できるか分からない. 先ほどの人力で作った例では, 次のようになる.

x…代入する x の値

y…3次関数 $y=x^3-3x$ に代入したときの y の値

y'…人力での近似曲線に代入したときの y の値

x	y	y'
−4	−52	−4.9998
−3	−18	−4.9601
−2	−2	−1.9115
−1.5	1.125	1.1739
−1	2	1.9785
−0.5	1.375	1.4379
0	0	−0.0003
0.5	−1.375	−1.4413
1	−2	−2.0133
1.5	−1.125	−1.1974
2	2	2.2402
3	18	−1.4413
4	52	−2.0133
5	110	−1.1974
6	198	2.2402

教えていない範囲の推定はヒドい…教えていない範囲の問題を解かせる先生(つまり，私)が悪いのだが.

しかし，これは，AIを利用するときに陥りがちな失敗例なので，覚えておいて損はないと思う.

●深層化●

この問題を解決する方法はいくつかある.

まずは，関数を変えること．シグモイド関数以外にも色々な関数が使われている(ここで使われる関数は，活性化関数と呼ばれている).

例えば，$f(x)=\max\{0,\ x\}$という関数が使われる(ReLU関数と呼ばれるそうだ).

次に，誤差評価の方法を変える．最小二乗法以外にも，HuberLossというものが使われたりする(ほぼ最小二乗法と同じであるが，ある程度の誤差になったら，2乗誤差でなく，1次式に代入して評価するようなものである).

これだけでは，本質的な改善につながらないことが多い.

大きく改善するには，変数を増やすことが考えられる．右は，Sony NNCで枠組みを作るときの画面である．inputの変数は1つだが，Affineにより，1次式

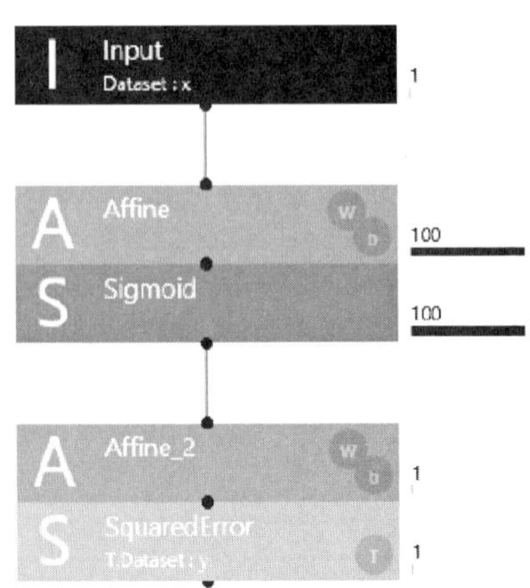

を100個作って，それらをシグモイド関数に代入し，二乗誤差が最小になるよう，Affineで使う1次式の係数を最適化するモデルである．1次式の個数を増やすことは，脳で言うと，神経繊維が増えることに相当する．グラフによる近似としては，たくさんの関数を用意しておく方が，精度が上がりそうなことは想像がつく．

しかし，これでいくら考えても，限界がある．

例えば，$f(x)$が3次式であれば，Affineで作る1次式をいくら増やしても，3次関数のままである．ところが，合成関数$f(f(x))$を考えると9次関数になる．合成を繰り返すと，より複雑な形状までも簡単に近似できる関数が得られそうだ．

そう考え，ひたすら合成するのが，いわゆる深層学習(Deep Learning)である．Sony NNCでは右のような枠組みを作ると，簡単に深層化できる．ReLU関数とHuberLossにしてみた．

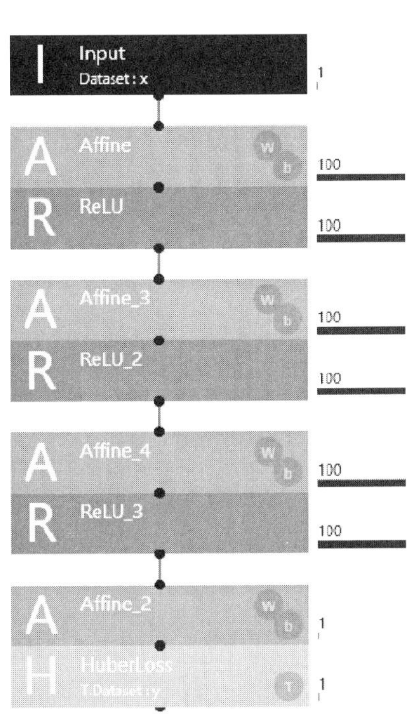

さらに，画像解析に適した「畳み込み」，時系列を扱う「LSTM」など，色々なワザが開発されている．

AIは，推定手段を選ばない「新しい統計」というイメージで良いと思う．

2.3.3　超速習！項目反応理論（IRT）

テスト成績の指標と言えば偏差値だが，近い未来，別の指標が世を席巻しているかも知れない．それが項目反応理論 (IRT・item response theory) によって作られる，絶対的な能力値である．CBT（コンピュータ上で行われるテスト・computer based testing）との相性がよく，英検，TOEIC，GTEC といった英語試験などではすでに実用化されている．IRT では，測定したい能力値を特定することを目指し，何問正解したか，といった価値観ではない．たまたま正解してしまうこともあるのを考慮して，正解パターンからその人の能力を特定するのである．現在の CBT の中には，テストを進めるうちに受験者の能力がおよそ分かってくることを受け，個人にフィットした問題を自動で出題してくれるものもある．

項目反応理論について，ごくごく簡単に紹介してみたい．本項は，雑誌「大学への数学 (東京出版)」の 2018 年 9 月号掲載の記事「偏差値はもう古い！検定テストのスコアを決める IRT とは？」を加筆・再編したものである．シグモイド関数を使った，新しい統計の世界へいってみよう．

TOEIC，GTEC といったテストでは素点ではなく絶対評価のスコアが結果として返却される．そこで用いられているテスト理論が IRT である．IRT の特徴は「等化」にある．等化とは，複数回実施された異なるテストでの成績を，公平性を保ちながら，1 つの共通指標で捉えることである．

IRT の考え方を簡単に紹介しよう．

IRT では，ロジスティック曲線 (ロジスティック関数のグラフ，AI のときはシグモイド関数と言った) を利用する．

一般的な形で式を書くと

$$f(x)=\frac{1}{1+e^{-a(x-b)}}$$

である. $x=b$ で $y=0.5$ となる単調増加関数で, 値域は $0<f(x)<1$ である.

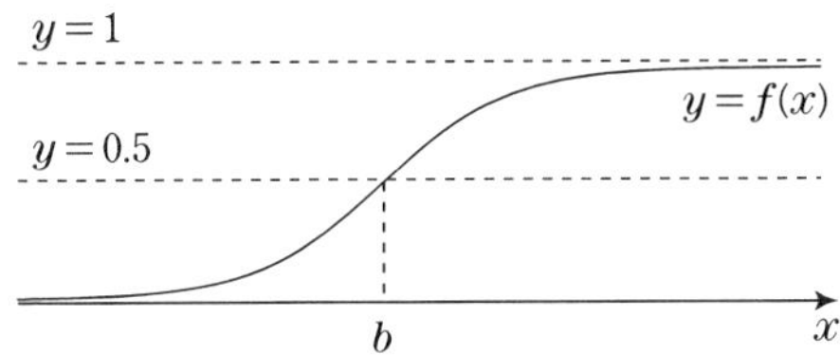

ギリシャ文字のシグマ σ (大文字は Σ) の語末形「ς」に似た形だから, シグモイド関数とも言うらしい.

ロジスティック方程式

$$f'(x)=af(x)(1-f(x)) \quad \cdots\cdots\cdots \quad (*)$$

を満たすことでも有名である.

ちなみに, (*) は, 生物の個体数の変化の様子を表す数理モデルとして使われる. ある領域内にいるある生物の個体数は, 少ないとどんどん増えていくが, ある程度多くなると餌が不足してくる. そのため, 個体数には上限がある. グラフを見ると, その様子を表している感じがする. $f'(x)$ が単位時間あたりの個体数の変化を表していて, それを $f(x)(1-f(x))$ という個体数 $f(x)$ を用いたシンプルな式で表現している. もちろん正確に表現できるわけではないが, モデルとしては面白いし, 分かりやすい.

話を関数に戻そう.

実は, $y=f'(x)$ のグラフは見たことがある形をしている.

(*) より, $f'(x)$ は $x=b$ で最大になることが分かる. また, $x\to\pm\infty$ のとき $f'(x)\to 0$ である. これでグラフの形状が分かる. 正規分布の確率密度関数に似ている!

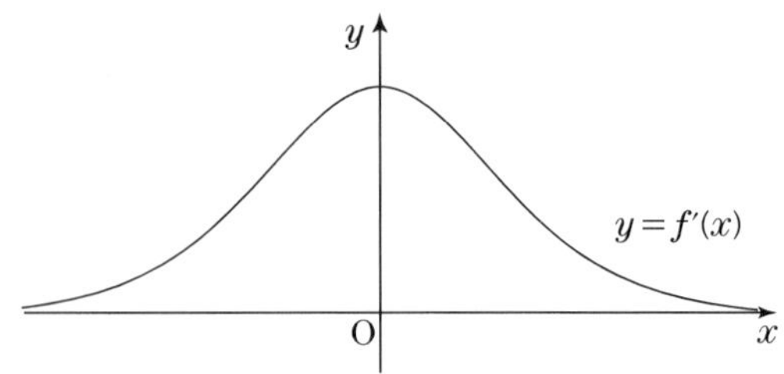

IRT に戻ろう.

IRT では，1つ1つの小問に対してロジスティック関数 $f(x)$ を対応させる．過去の受験者の正答率を測定することで求めることのできるもので，項目特性関数という．

ここで，x は「能力値」であり，$f(x)$ の値は「能力値 x の人がその問題に正解する確率」である．$0 < f(x) < 1$ の値を確率と見なすのである．また，能力値が「1つの共通指標」と書いたもので，テスト運営者が決める．それを如何に打ち出すかでテストの魅力が変わってくる．

ちなみに，IRT を実際に運用するには，実験を繰り返すことで小問ごとの $f(x)$ を求めていき，$f(x)$ のハッキリ分かる小問を大量にそろえることが必要になる．そのため，IRT を採用するテストでは，問題が非公開になってしまうのである．同じ問題を繰り返し使うことになるためだ．しかも，実は，テストの中には，解けても成績に関係ない問題が含まれている！つまり，1つのテストの中に，$f(x)$ が分かっていて受験者の能力を特定するために使う問題と，解けても成績につながらない実験用の問題（まだ $f(x)$ が不明で，今後の使用のために $f(x)$ を求めたいもの）が混在している．$f(x)$ が分かっている問題と分かっていない問題を同じテストで使うことで，未知の $f(x)$ を効率的に特定できるのである．受験者からの苦情が聞こえてきそうであるが，そこは持ちつ持たれつである．

もう少し掘り下げよう．$f(x)=\dfrac{1}{1+e^{-a(x-b)}}$ に対応する問題は，能力値が $x=b$ 周辺の人たち（正答率が 50% となるグループ）の能力を最もよく測定できる問題になる．また，a が大きいと，$x=b$ 周辺での接線の傾きが大きくなり，正答率が大きく分かれるような問題という解釈になる．

実際のテストでは，いくつかの問題を集めて出題することになるので，各問題の a，b の値をどうするかによってテストの全体像が決まる．

例えば，(1)，(2)，(3) の 3 問からなるテストを作ってみよう．各問題の項目特性関数が順に

$$f_1(x)=\frac{1}{1+e^{-x}},\ f_2(x)=\frac{1}{1+e^{-(x+2)}},$$
$$f_3(x)=\frac{1}{1+e^{-2(x-3)}}$$

であるとする．ここで問題．これらの小問を易しい順に並べるとどうなるだろう？

⓪ (1)，(2)，(3)　　① (2)，(1)，(3)

② (2)，(3)，(1)　　③ (3)，(1)，(2)

$f_1(x)$ は $x=0$ 周辺の識別問題．残りは順に $x=-2$，$x=3$ である．易しい順に (2)，(1)，(3) である．ということで，正解は ① である．

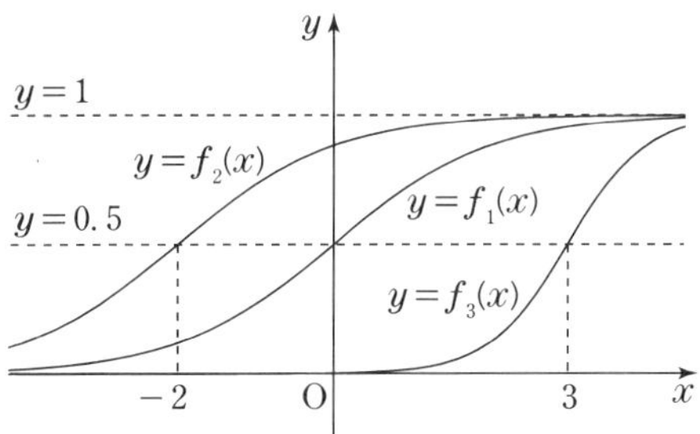

先ほどの小問3つのテストにおいて，

$$T(x)=f_1(x)+f_2(x)+f_3(x)$$

という関数を考える．これをテスト特性関数といい，$y=T(x)$ のグラフをテスト特性曲線という．

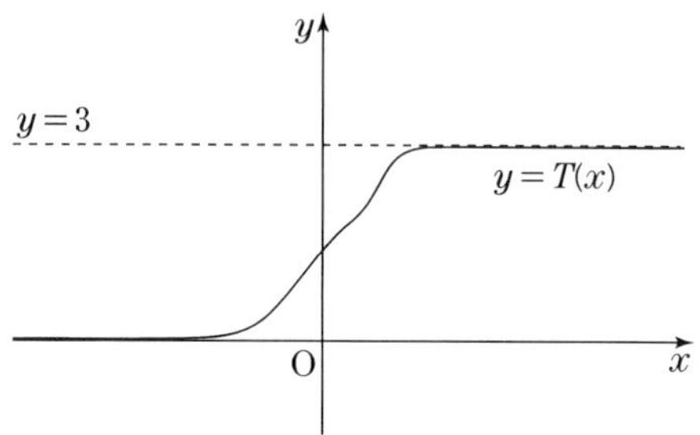

$T(x)$ の意味するものは，能力値が x である人の平均正答数である．

では，正答数が2となった人の能力値は，どのように推定するのだろう？実は，このグラフを利用して推定するのではない．このグラフは，テストの全体像を把握するためのもので，実際の推定はもっと細かく考える．

正答数が2で同じであっても，どの問題を間違えたのかによって能力に差があるはずである．一番難しい(3)だけ間違えるのは考えられることだが，一番易しい(2)だけ間違えるのは不自然である．もしかしたら，他の小問も当てずっぽうで正解しているのかも知れない．その観点から能力値を推定するのがIRTの特徴である．

そこで必要となるのが最尤(ユウ)推定という手続きである．

2問正答には

(○，○，×)，(○，×，○)，(×，○，○)

という3パターンがある．正答なら1，誤答なら0と表すことにしたら

(1，1，0)，(1，0，1)，(0，1，1)

となり，これを反応パターンと呼ぶ．例えば，

$$u_1=(1,\ 1,\ 0)$$

とおくとき，この反応パターン u_1 に対する尤度関数は

$$L(x,\ u_1)=f_1(x)\times f_2(x)\times(1-f_3(x))$$

と定義される．要するに“独立”試行の確率である！

> 独立性が仮定できるテストでしか IRT は使えない！

最尤推定とは

> 反応パターン u_1 となった人の能力は，x の関数として $L(x,\ u_1)$ が最大になる x とする

ことである．

今回の u_1 の尤度関数は図のようになる．$L(x,\ u_1)$ が最大になるような x が，反応パターン u_1 となった人の能力値を推定したものである．後で値を考えるが，2 よりも少し小さい値である．

$u_2=(1,\ 0,\ 1)$，$u_3=(0,\ 1,\ 1)$ として，尤度関数を描いておく．

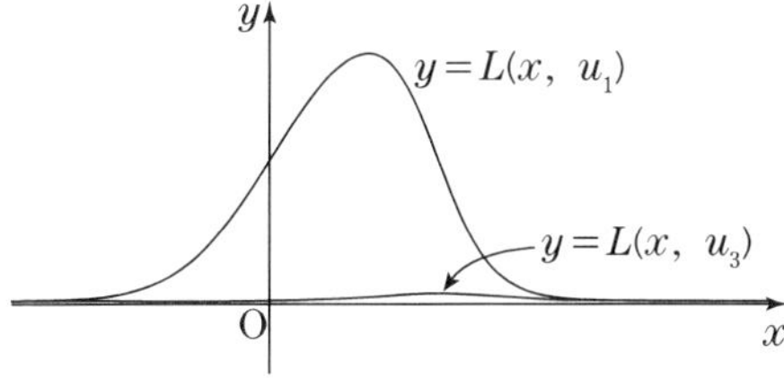

$y=L(x,\ u_2)$ が見えない．実は，あまりにペタンコで，このスケールでは確認できない．

「(2) だけ間違えるなんてあり得ないだろう！」と推定している．拡大すると次のようになっている．

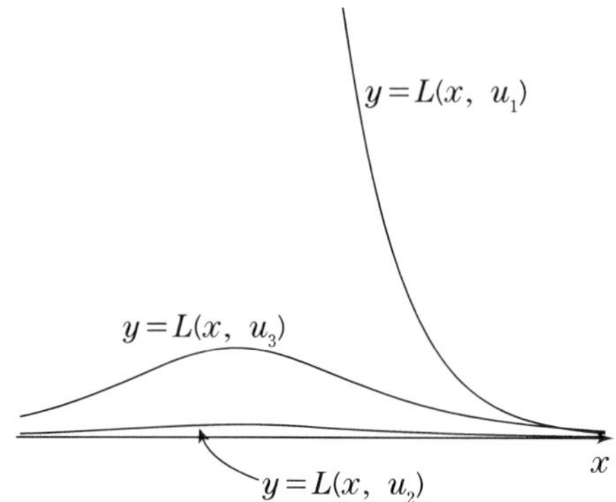

さて，最後に，$L(x,\ u_1)$ が最大になる x を考えておこう．

実は，方程式

$$f_1(x)+f_2(x)+2f_3(x)-2=0$$

を解くことによって得られる．その理由は分かるだろうか？

$L(x,\ u_1)$ を x で微分して考える必要があるが，少し煩雑になる．そこで，対数をとってみよう．つまり，

$$\log(L(x,\ u_1))=\log(f_1(x))+\log(f_2(x))+\log(1-f_3(x))$$

を考える．これが最大になる x のとき，$L(x,\ u_1)$ も最大になる．

ここで，ロジスティック方程式

$$f'(x)=af(x)(1-f(x)) \quad \cdots\cdots \quad (*)$$

を思い出しておく．これを使うと

$$\frac{d}{dx}(\log(L(x\ ,\ u_1)))=\frac{f_1{}'(x)}{f_1(x)}+\frac{f_2{}'(x)}{f_2(x)}+\frac{-f_3{}'(x)}{1-f_3(x)}$$
$$=(1-f_1(x))+(1-f_2(x))-2f_3(x)$$
$$=-(f_1(x)+f_2(x)+2f_3(x)-2)$$

である．よって，

$$f_1(x)+f_2(x)+2f_3(x)-2=0$$

を満たす x が求めるべき x である（グラフより，極値になるのは最大になるときのみである）．

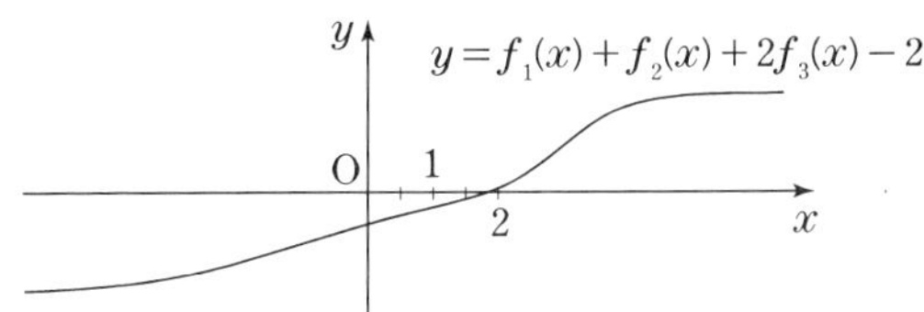

しかし，実際に

$$f_1(x)+f_2(x)+2f_3(x)-2=0$$

を解くことは困難である．

そこで，コンピューターで計算すると

x	$f_1(x)+f_2(x)+2f_3(x)-2$
1.75	−0.0193082079
1.76	−0.0149998790
1.77	−0.0106542941
1.78	−0.0062707484
1.79	−0.0018485347
1.80	0.0026130572
1.81	0.0071147394
1.82	0.0116572263
1.83	0.0162412338
1.84	0.0208674791
1.85	0.0255366805

となる．求める x は 1.79 と 1.80 の間に入る数である．これが反応パターン $u_1=(1,\ 1,\ 0)$ となった人の推定能力値となる．同様に推定すると，u_2，u_3 となった人の能力値は 3.05 ～ 3.06 となる．

今回はたった 3 問で実行したので，納得できる能力値推定とは言い難い．

実際にはもっと多くの問題を用意して推定を行う．n 問あれば，正誤のパターンは 2^n 通りある．それらすべてについて，能力値を推定しなければならないのである．

$f(x)$ が特定された良質な問題を大量に用意し，大変な推定を行うことで，能力値を推定できるのである．なかなか大変である．ということで，問題を回収されても，成績に関係ない問題を解かされても，文句を言わないようにしよう！

しかし，この尤度関数による能力値推定に弱点があることにお気づきだろうか？

実は，全問正解または不正解のパターンの能力値推定ができないのである．全問正解なら $L(x,\ u)$ が単調増加で $x=\infty$，全問不正解なら単調減少で $x=-\infty$ と考えることになる．もちろん，実際のテストでは上限を決めて能力値を推定している．

正規分布表

	.00	.01	.02	.03	.04	.05	.06	.07	.08	.09
0.0	0.0000	0.0040	0.0080	0.0120	0.0160	0.0199	0.0239	0.0279	0.0319	0.0359
0.1	0.0398	0.0438	0.0478	0.0517	0.0557	0.0596	0.0636	0.0675	0.0714	0.0753
0.2	0.0793	0.0832	0.0871	0.0910	0.0948	0.0987	0.1026	0.1064	0.1103	0.1141
0.3	0.1179	0.1217	0.1255	0.1293	0.1331	0.1368	0.1406	0.1443	0.1480	0.1517
0.4	0.1554	0.1591	0.1628	0.1664	0.1700	0.1736	0.1772	0.1808	0.1844	0.1879
0.5	0.1915	0.1950	0.1985	0.2019	0.2054	0.2088	0.2123	0.2157	0.2190	0.2224
0.6	0.2257	0.2291	0.2324	0.2357	0.2389	0.2422	0.2454	0.2486	0.2517	0.2549
0.7	0.2580	0.2611	0.2642	0.2673	0.2704	0.2734	0.2764	0.2794	0.2823	0.2852
0.8	0.2881	0.2910	0.2939	0.2967	0.2995	0.3023	0.3051	0.3078	0.3106	0.3133
0.9	0.3159	0.3186	0.3212	0.3238	0.3264	0.3289	0.3315	0.3340	0.3365	0.3389
1.0	0.3413	0.3438	0.3461	0.3485	0.3508	0.3531	0.3554	0.3577	0.3599	0.3621
1.1	0.3643	0.3665	0.3686	0.3708	0.3729	0.3749	0.3770	0.3790	0.3810	0.3830
1.2	0.3849	0.3869	0.3888	0.3907	0.3925	0.3944	0.3962	0.3980	0.3997	0.4015
1.3	0.4032	0.4049	0.4066	0.4082	0.4099	0.4115	0.4131	0.4147	0.4162	0.4177
1.4	0.4192	0.4207	0.4222	0.4236	0.4251	0.4265	0.4279	0.4292	0.4306	0.4319
1.5	0.4332	0.4345	0.4357	0.4370	0.4382	0.4394	0.4406	0.4418	0.4429	0.4441
1.6	0.4452	0.4463	0.4474	0.4484	0.4495	0.4505	0.4515	0.4525	0.4535	0.4545
1.7	0.4554	0.4564	0.4573	0.4582	0.4591	0.4599	0.4608	0.4616	0.4625	0.4633
1.8	0.4641	0.4649	0.4656	0.4664	0.4671	0.4678	0.4686	0.4693	0.4699	0.4706
1.9	0.4713	0.4719	0.4726	0.4732	0.4738	0.4744	0.4750	0.4756	0.4761	0.4767
2.0	0.4772	0.4778	0.4783	0.4788	0.4793	0.4798	0.4803	0.4808	0.4812	0.4817
2.1	0.4821	0.4826	0.4830	0.4834	0.4838	0.4842	0.4846	0.4850	0.4854	0.4857
2.2	0.4861	0.4864	0.4868	0.4871	0.4875	0.4878	0.4881	0.4884	0.4887	0.4890
2.3	0.4893	0.4896	0.4898	0.4901	0.4904	0.4906	0.4909	0.4911	0.4913	0.4916
2.4	0.4918	0.4920	0.4922	0.4925	0.4927	0.4929	0.4931	0.4932	0.4934	0.4936
2.5	0.4938	0.4940	0.4941	0.4943	0.4945	0.4946	0.4948	0.4949	0.4951	0.4952
2.6	0.49534	0.49547	0.49560	0.49573	0.49585	0.49598	0.49609	0.49621	0.49632	0.49643
2.7	0.49653	0.49664	0.49674	0.49683	0.49693	0.49702	0.49711	0.49720	0.49728	0.49736
2.8	0.49744	0.49752	0.49760	0.49767	0.49774	0.49781	0.49788	0.49795	0.49801	0.49807
2.9	0.49813	0.49819	0.49825	0.49831	0.49836	0.49841	0.49846	0.49851	0.49856	0.49861
3.0	0.49865	0.49869	0.49874	0.49878	0.49882	0.49886	0.49889	0.49893	0.49896	0.49900

おわりに

「統計なんて，数学じゃない」から「統計だって，捨てたもんじゃない」に，少しでも変わってもらえたでしょうか？そうであればこれ以上の喜びはありません．

もっともっと統計で数学をやることもできるでしょうし，それぞれの趣味の分野で統計を活かす場面もあるでしょう．そういった楽しい統計が，生徒の統計リテラシーを育てることにつながると思います．本書がそのキッカケになって欲しいと思って書いてきました．私の自己満足になっている部分もあるかも知れませんが，自分が面白いと感じたものは，そのまま伝えたいから仕方ない！少しでも伝わったでしょうか．

「統計くらいできても損はない」

ということで，高校数学における統計教育が少しでも面白いものになってくれたらな，と思います．

吉田　信夫

研伸館（けんしんかん）

1978 年，株式会社アップ（http://www.up-edu.com）の大学受験予備校部門として発足（兵庫県西宮市）.

2012 年現在，西宮校，上本町校，住吉校，阪急豊中校，学園前校，高の原校，京都校，天王寺校の 8 校舎を関西地区に展開．東大・京大・阪大・神戸大などの難関国公立大学や早慶関関同立などの難関私立へ毎年多くの合格者を輩出する現役高校生対象の予備校として，関西地区で圧倒的な支持を得ている．http://www.kenshinkan.net

著者紹介：

吉田信夫（よしだ・のぶお）

1977 年　広島で生まれる

1999 年　大阪大学理学部数学科卒業

2001 年　大阪大学大学院理学研究科数学専攻修士課程修了

2001 年より，研伸館にて，主に東大・京大・医学部などを志望する中高生への大学受験数学を担当し，灘校の生徒を多数指導する．そのかたわら，「現代数学」「大学への数学」などの雑誌での執筆活動も精力的に行う．

著書：『複素解析の神秘性』（現代数学社 2011），『ユークリッド原論を読み解く』（技術評論社 2014），『超有名進学校生の数学的発想力』（技術評論社 2018），『ちょっと計算も必要な思考力・判断力・表現力トレーニング　数学II』（東京出版 2019）　など多数.

～大人のための探求教科書～

数学基礎：統計的な推測とその周辺

2020 年 4 月 23 日　　初版 1 刷発行

編　集　　株式会社　アップ　研伸館
著　者　　吉田信夫
発行者　　富田　淳
発行所　　株式会社　現代数学社
〒606-8425 京都市左京区鹿ヶ谷西寺ノ前町 1
TEL 075（751）0727　FAX 075（744）0906
https://www.gensu.co.jp/

装　　幀　中西真一（株式会社 CANVAS）
印刷・製本　有限会社 ニシダ印刷製本

ISBN 978-4-7687-0531-5